"十四五"职业教育国家规划教材

Photoshop CS6

实例教程

全彩微课版

周建国 / 主编　陈东生 / 副主编

人民邮电出版社

北　京

图书在版编目（CIP）数据

Photoshop CS6实例教程：全彩微课版 / 周建国主编. -- 北京：人民邮电出版社，2021.8（2023.12重印）
工业和信息化数字媒体应用人才培养精品教材
ISBN 978-7-115-55944-9

Ⅰ. ①P… Ⅱ. ①周… Ⅲ. ①图像处理软件—教材 Ⅳ. ①TP391.413

中国版本图书馆CIP数据核字(2021)第019525号

内 容 提 要

本书全面、系统地介绍了 Photoshop CS6 的基本操作方法和图形图像处理技巧，包括图像处理基础知识、初识 Photoshop CS6、绘制和编辑选区、绘制图像、修饰图像、编辑图像、绘制图形及路径、调整图像的色彩和色调、图层的应用、文字的使用、通道的应用、蒙版的使用、滤镜效果、动作的应用和综合设计实训等内容。

全书第 3~15 章的内容均以课堂案例为主线，每个案例都有详细的操作步骤，学生通过实际操作可以快速熟悉软件功能并领会设计思路。每章的软件功能解析部分使学生能够深入学习软件功能和制作特色。主要章节的最后还安排了课堂练习和课后习题，可以拓展学生对软件的实际应用能力。综合设计实训可以帮助学生快速地掌握商业图形图像的设计理念和设计元素，顺利达到实战水平。

本书可作为职业院校数字媒体艺术类专业课程的教材，也可供初学者自学参考。

◆ 主　　编　周建国
　　副 主 编　陈东生
　　责任编辑　桑　珊
　　责任印制　彭志环
◆ 人民邮电出版社出版发行　　北京市丰台区成寿寺路 11 号
　　邮编　100164　　电子邮件　315@ptpress.com.cn
　　网址　https://www.ptpress.com.cn
　　临西县阅读时光印刷有限公司印刷
◆ 开本：787×1092　1/16
　　印张：16.75　　　　　　　　2021 年 8 月第 1 版
　　字数：460 千字　　　　　　 2023 年 12 月河北第 6 次印刷

定价：79.80 元

读者服务热线：(010)81055256　印装质量热线：(010)81055316
反盗版热线：(010)81055315
广告经营许可证：京东市监广登字 20170147 号

Photoshop 是由 Adobe 公司开发的图形图像处理和编辑软件。它功能强大、易学易用，深受图形图像处理爱好者和平面设计人员的喜爱，已经成为这一领域流行的软件之一。目前，我国很多职业院校的数字媒体艺术类专业，都将 Photoshop 作为一门重要的专业课程。为了帮助职业院校的教师全面、系统地讲授这门课程，使学生能够熟练地使用 Photoshop 来进行创意设计，我们几位长期在职业院校从事 Photoshop 教学的教师和专业平面设计公司经验丰富的设计师合作，共同编写了本书。

本书全面贯彻党的二十大精神，以社会主义核心价值观为引领，传承中华优秀传统文化，坚定文化自信，使内容更好体现时代性、把握规律性、富于创造性。

本书按照"课堂案例 – 软件功能解析 – 课堂练习 – 课后习题"这一思路进行编排，力求通过课堂案例演练，使学生快速上手，熟悉软件功能和设计思路；通过软件功能解析，使学生深入学习软件功能和制作特色；通过课堂练习和课后习题，拓展学生的实际应用能力。在内容编写方面，我们力求细致全面、重点突出；在文字叙述方面，我们注意言简意赅、通俗易懂；在案例选取方面，我们强调案例的针对性和实用性。

为方便教师教学，本书配备了所有案例的素材及效果文件、详尽的课堂练习和课后习题的操作步骤以及 PPT 课件、教学大纲等丰富的教学资源，任课教师可到人邮教育社区（www.ryjiaoyu.com）免费下载使用。本书的参考学时为 72 学时，其中实训环节为 30 学时，各章的参考学时参见下面的学时分配表。

章	课程内容	学时分配	
		讲授（学时）	实训（学时）
第 1 章	图像处理基础知识	1	
第 2 章	初识 Photoshop CS6	1	
第 3 章	绘制和编辑选区	3	2
第 4 章	绘制图像	3	2
第 5 章	修饰图像	3	2
第 6 章	编辑图像	3	2
第 7 章	绘制图形及路径	4	3
第 8 章	调整图像的色彩和色调	4	3
第 9 章	图层的应用	4	3
第 10 章	文字的使用	4	3
第 11 章	通道的应用	2	2
第 12 章	蒙版的使用	2	2
第 13 章	滤镜效果	3	3
第 14 章	动作的应用	2	1
第 15 章	综合设计实训	3	2
学 时 总 计		42	30

本书中关于颜色设置的表述，如蓝色（232、239、248），括号中的数字分别为其 R、G、B 的值。由于作者水平有限，书中难免存在疏漏和不妥之处，敬请广大读者批评指正。

编 者
2023 年 5 月

Photoshop 教学辅助资源及配套教辅

素材类型	名称或数量	素材类型	名称或数量
教学大纲	1 套	课堂案例	46 个
电子教案	15 单元	课堂练习	14 个
PPT 课件	15 个	课后习题	14 个
第 3 章 绘制和编辑 选区	制作时尚彩妆类电商 Banner	第 9 章 图层的应用	制作艺术效果字
	制作家庭照片模板		制作腕表广告
	制作足球插画	第 10 章 文字的使用	制作女装广告
	制作果汁广告		制作音乐卡片
第 4 章 绘制图像	制作趣味音乐		制作促销贴
	制作油画效果		制作旅游宣传单
	制作彩虹效果		制作运动鞋海报
	制作新婚卡片	第 11 章 通道的应用	制作化妆品海报
	制作浮雕插画		制作清冷照片
	制作电视机		调整图像色调
第 5 章 修饰图像	修复风景插画		添加旋转边框
	修复人物照片		制作照片特效
	制作装饰画		制作海边蜡笔画
	制作祝福卡	第 12 章 蒙版的使用	制作合成风景照片
	修复模糊图像		制作 App 购物广告
	修复图片瑕疵		制作时尚蒙版画
第 6 章 编辑图像	制作展示油画		制作个人写真照片模板
	制作科技效果图	第 13 章 滤镜效果	制作液化文字
	制作邀请函效果图		制作光晕下的景色
	制作证件照		制作网点照片
	制作书籍宣传卡		制作震撼的视觉照片
第 7 章 绘制图形及 路径	制作艺术插画		制作水彩画
	制作咖啡店宣传卡		制作油画照片
	制作美食宣传卡	第 14 章 动作的应用	制作粉色甜美色调照片
	绘制情侣旅行插画		制作炫酷海报
	制作生日贺卡		制作照片拼贴效果
第 8 章 调整图像的色 彩和色调	制作绿茶宣传照片		创建边框特效动作
	制作运动宣传照片	第 15 章 综合设计实训	制作火锅美食宣传单
	制作绿色照片		制作时尚炫酷照片模板
	制作暖色调生活照片		制作影像杂志封面
	制作特殊风景照片		制作方便面包装
	制作唯美风景画		制作女装网店店招和导航条
	制作时尚版画		制作手机相机图标
	制作夏日风格照片		设计空调广告
第 9 章 图层的应用	制作合成特效		设计蛋糕店代金券
	制作 3D 金属效果		设计儿童读物书籍封面
	制作日系暖色调照片		设计看图图标

CONTENTS 目录

目录 C O N T E N T S

CONTENTS 目录

目录 C O N T E N T S

CONTENTS 目录

目录 C O N T E N T S

01

第1章

图像处理基础知识

本章介绍

本章将主要介绍图像处理的基础知识，包括位图和矢量图、分辨率、图像的颜色模式、常用的图像文件格式等。通过对本章的学习，可以快速掌握这些基础知识，有助于更快、更准确地处理图像。

学习目标

- ✓ 了解位图和矢量图的概念。
- ✓ 了解不同的分辨率。
- ✓ 熟悉图像的不同颜色模式。
- ✓ 熟悉软件常用的文件格式。

技能目标

- ✱ 熟悉位图和矢量图的区别。
- ✱ 熟悉不同的分辨率的使用技巧。
- ✱ 掌握图像的不同颜色模式。
- ✱ 掌握软件常用的文件格式。

1.1 位图和矢量图

图像类型可以分为两大类：位图和矢量图。在绘图或处理图像的过程中，这两种类型的图像可以相互交叉使用。

1.1.1 位图

位图图像也叫点阵图像，它是由许多单独的小方块组成的。这些小方块又被称为像素点。每个像素点都有特定的位置和颜色值。位图图像的显示效果与像素点是紧密联系在一起的，不同排列和着色的像素点组合在一起构成了一幅色彩丰富的图像。像素点越多，图像的分辨率越高；相应地，图像的文件大小也会随之增大。

一幅位图图像的原始效果如图 1-1 所示。使用放大工具放大后，可以清晰地看到像素的小方块形状与不同的颜色，效果如图 1-2 所示。

图 1-1   图 1-2

位图与分辨率有关，如果在屏幕上以较大的倍数放大显示图像，或以低于创建时的分辨率打印图像，图像就会出现锯齿状的边缘，并且会丢失细节。

1.1.2 矢量图

矢量图也叫向量图，它是一种基于图形的几何特性来描述的图像。矢量图中的各种图形元素称为对象。每一个对象都是独立的个体，都具有大小、颜色、形状、轮廓等属性。

矢量图与分辨率无关，可以将它设置为任意大小，其清晰度不会改变，也不会出现锯齿状的边缘。在任意分辨率下显示或打印，都不会损失细节。一幅矢量图的原始效果如图 1-3 所示。使用放大工具放大后，其清晰度不变，效果如图 1-4 所示。

矢量图的文件量较小，但其缺点是不易制作色调丰富的图像，而且绘制出来的图形无法像位图那样精确地描绘各种绚丽的景象。

图 1-3   图 1-4

1.2 分辨率

分辨率是用于描述图像文件信息的术语。分辨率分为图像分辨率、屏幕分辨率和输出分辨率。下面将分别进行讲解。

1.2.1 图像分辨率

在 Photoshop CS6 中，图像中每单位长度上的像素数目，称为图像的分辨率，其单位为像素 / 英寸或像素 / 厘米。

在相同尺寸的两幅图像中，高分辨率的图像包含的像素比低分辨率的图像包含的像素多。例如，一幅尺寸为 1 英寸 ×1 英寸的图像，其分辨率为 72 像素 / 英寸，这幅图像包含 5 184 个像素（72×72 = 5 184）。同样尺寸，分辨率为 300 像素 / 英寸的图像，图像包含 90 000 个像素。相同尺寸下，分辨率为 72 像素 / 英寸的图像效果如图 1-5 所示，分辨率为 10 像素 / 英寸的图像效果如图 1-6 所示。由此可见，在相同尺寸下，高分辨率的图像更能清晰地表现图像内容。

图 1-5　　　　　　　　图 1-6

> **提示**
>
> 如果一幅图像所包含的像素是固定的，增加图像尺寸后，会降低图像的分辨率。

1.2.2 屏幕分辨率

屏幕分辨率是显示器上每单位长度显示的像素数目。屏幕分辨率取决于显示器大小及其像素设置。Windows 显示器的分辨率一般约为 96 像素 / 英寸，Mac 显示器的分辨率一般约为 72 像素 / 英寸。在 Photoshop CS6 中，图像像素被直接转换成显示器屏幕像素，当图像分辨率高于屏幕分辨率时，屏幕中显示的图像比实际尺寸大。

1.2.3 输出分辨率

输出分辨率是照排机或激光打印机等输出设备产生的每英寸的油墨点数（dpi）。为获得好的效果，使用的图像分辨率应与打印机分辨率成正比。

1.3 图像的颜色模式

Photoshop CS6 提供了多种颜色模式。这些颜色模式正是作品能够在屏幕和印刷品上成功表现的重要保障。在这些颜色模式中，经常使用到的有 CMYK 模式、RGB 模式、Lab 模式及 HSB 模式。另外，还有索引模式、灰度模式、位图模式、双色调模式、多通道模式等。这些模式都可以在模式菜单下选取。每种颜色模式都有不同的色域，并且各个模式之间可以转换。下面将介绍主要的颜色模式。

1.3.1 CMYK 模式

CMYK 代表了印刷中常用的 4 种油墨颜色：C 代表青色，M 代表洋红色，Y 代表黄色，K 代表黑色。CMYK "颜色" 控制面板如图 1-7 所示。

图 1-7

CMYK 模式在印刷时应用了色彩学中的减法混合原理，即减色颜色模式。它是图片、插图和其他 Photoshop 作品中最常用的一种印刷方式。因为在印刷中通常都要进行四色分色，出四色胶片，然后进行印刷。

1.3.2 RGB 模式

与 CMYK 模式不同的是，RGB 模式是一种加色模式。它通过红、绿、蓝 3 种色光相叠加而形成更多的颜色。RGB 是色光的彩色模式，一幅 24bit（位）的 RGB 图像有 3 个色彩信息的通道：红色（R）、绿色（G）和蓝色（B）。RGB "颜色" 控制面板如图 1-8 所示。

每个通道都有 8bit 的色彩信息—— 一个 0 ~ 255 的亮度值色域。也就是说，每一种色彩都有 256 个亮度水平级。3 种色彩相叠加，可以有 256×256×256=16 777 216 万种可能的颜色。这超过 1 670 万种的颜色足以表现出绚丽多彩的世界。

图 1-8

在 Photoshop CS6 中编辑图像时，RGB 模式是最佳的选择。因为它可以提供全屏幕的多达 24bit 的色彩范围，一些计算机领域的色彩专家称之为 "True Color（真色彩）" 显示。

1.3.3 灰度模式

灰度图又叫 8bit 深度图。每个像素用 8 个二进制位表示，能产生 2^8（即 256）级灰色调。当一个彩色文件被转换为灰度模式文件时，所有的色彩信息都将丢失。尽管 Photoshop CS6 允许将一个灰度文件转换为彩色模式文件，但不可能将原来的颜色完全还原。所以，当要转换成灰度模式时，应先做好图像的备份。

与黑白照片一样，一个灰度模式的图像只有明暗值，没有色相和饱和度这两种色彩信息。0% 代表白，100% 代表黑。其中的 K 值用于衡量黑色油墨用量，"颜色" 控制面板如图 1-9 所示。

图 1-9

> **提示**
>
> 将彩色模式转换为双色调模式或位图模式时，必须先转换为灰度模式，然后由灰度模式转换为双色调模式或位图模式。

1.4 常用的图像文件格式

当用 Photoshop CS6 制作或处理好一幅图像后，就要进行存储。这时，选择一种合适的文件格式就显得十分重要。Photoshop CS6 有 20 多种文件格式可供选择。在这些文件格式中，既有 Photoshop CS6 的专用格式，也有用于应用程序交换的文件格式，还有一些比较特殊的格式。

1.4.1 PSD/PDD 格式

PSD 格式和 PDD 格式是 Photoshop CS6 自身的专用文件格式，能够支持从线图到 CMYK 的所有图像类型，但由于在一些图形处理软件中没有得到很好的支持，所以其通用性不强。PSD 格式和 PDD 格式能够保存图像数据的细节部分，如图层、附加的蒙版通道等 Photoshop CS6 对图像进行特殊处理的信息。在没有最终决定图像存储的格式前，最好先以这两种格式存储。另外，Photoshop CS6 打开和存储这两种格式的文件比其他格式更快。但是这两种格式也有缺点，就是它们所存储的图像文件量大，占用磁盘空间较多。

1.4.2 TIFF 格式

TIFF 格式是标签图像格式。TIFF 格式对于色彩通道图像来说是最有用的格式，具有很强的可移植性，它可以用于 PC、Macintosh 以及 UNIX 工作站 3 大平台，是这 3 大平台上使用最广泛的绘图格式。

用 TIFF 格式存储时应考虑到文件的大小，因为 TIFF 格式的结构要比其他格式更复杂。但 TIFF 格式支持 24 个通道，能存储多于 4 个通道的文件格式。TIFF 格式还允许使用 Photoshop CS6 中的复杂工具和滤镜效果。TIFF 格式非常适合于印刷和输出。

1.4.3 BMP 格式

BMP 是 Windows Bitmap 的缩写。它可以用于绝大多数 Windows 下的应用程序。

BMP 格式使用索引色彩，它的图像具有极为丰富的色彩，并可以使用 24bit 色彩渲染图像。BMP 格式能够存储黑白图、灰度图和 24bit 色彩的 RGB 图像等。此格式一般在多媒体演示、视频输出等情况下使用，但不能在 Macintosh 程序中使用。在存储 BMP 格式的图像文件时，还可以进行无损失压缩，这样能够节省磁盘空间。

1.4.4 GIF 格式

GIF 是 Graphics Interchange Format 的缩写。GIF 格式的图像文件的文件量比较小，它形成一种压缩的 8 bit 图像文件。正因为这样，一般这种格式的文件可缩短图形的加载时间。如果在网络中传送图像文件，GIF 格式的图像文件的处理要比其他格式的图像文件快得多。

1.4.5 JPEG 格式

JPEG 是 Joint Photographic Experts Group 的缩写，中文意思为联合图片专家组。JPEG 格式既是 Photoshop CS6 支持的一种文件格式，也是一种压缩方案。它是 Macintosh 上常用的一种图片存储类型。JPEG 格式是压缩格式中的"佼佼者"，与 TIFF 文件格式采用的无损失压缩相比，它的压缩比例更大。但它使用的有损失压缩会丢失部分数据。用户可以在存储前选择图像的最后质量，这样就能控制数据的损失程度。

1.4.6 EPS 格式

EPS 是 Encapsulated Post Script 的缩写。EPS 格式是 Illustrator CS6 和 Photoshop CS6 之间可交换的文件格式。Illustrator 软件制作出来的流动曲线、简单图形和专业图像一般都存储为 EPS 格式，Photoshop 可以处理这种格式的文件。在 Photoshop CS6 中，也可以把其他图形文件存储为 EPS 格式，在排版类的 PageMaker 和绘图类的 Illustrator 等其他软件中使用。

1.5 选择合适的图像文件存储格式

可以根据工作任务的需要选择合适的图像文件存储格式，下面就根据图像的不同用途介绍应该选择的图像文件存储格式。

用于印刷：TIFF、EPS。

用于 Internet 图像：GIF、JPEG、PNG（便携式网络图形）。

用于 Photoshop CS6 软件：PSD、PDD、TIFF。

02

第 2 章
初识 Photoshop CS6

本章介绍

本章将首先对 Photoshop CS6 进行概要介绍，然后介绍 Photoshop CS6 的功能特色。通过本章的学习，可以对 Photoshop CS6 的多种功用有一个大体的、全方位的了解，有助于在制作图像的过程中快速地定位，应用相应的知识点完成图像的制作任务。

学习目标

- 了解软件的工作界面。
- 了解图像的显示效果和辅助线的设置方法。
- 了解图层的基本运用和恢复操作的方法。

技能目标

- 掌握软件的工作界面。
- 熟练掌握文件的基本操作方法。
- 掌握图像和画布的尺寸设置技巧。
- 掌握不同的颜色设置技巧。

2.1 工作界面的介绍

熟悉工作界面是学习 Photoshop CS6 的基础。熟练掌握工作界面的内容，有助于初学者日后得心应手地驾驭软件。Photoshop CS6 的工作界面主要由菜单栏、工具箱、属性栏、控制面板和状态栏组成，如图 2-1 所示。

图 2-1

菜单栏：其中包含了 11 个菜单命令。利用菜单命令可以完成对图像的编辑、调整色彩、添加滤镜效果等操作。

工具箱：包含了多个工具。利用不同的工具可以完成对图像的绘制、观察、测量等操作。

属性栏：是工具箱中各个工具的功能扩展。通过在属性栏中设置不同的选项，可以快速地完成多样化的操作。

控制面板：是 Photoshop CS6 的重要组成部分。通过不同功能的控制面板，可以完成在图像中填充颜色、设置图层、添加样式等操作。

状态栏：可以提供当前文件的显示比例、文档大小、当前工具、暂存盘大小等提示信息。

2.1.1 菜单栏及其快捷方式

Photoshop CS6 的菜单栏依次分为："文件"菜单、"编辑"菜单、"图像"菜单、"图层"菜单、"文字"菜单、"选择"菜单、"滤镜"菜单、"3D"菜单、"视图"菜单、"窗口"菜单及"帮助"菜单，如图 2-2 所示。

图 2-2

"文件"菜单：包含了各种文件操作命令。"编辑"菜单：包含了各种编辑文件的操作命令。"图像"菜单：包含了各种改变图像的大小、颜色等的操作命令。"图层"菜单：包含了各种调整图像中图层的操作命令。"文字"菜单：包含了各种对文字的编辑和调整功能。"选择"菜单：包含了各种关于选区的操作命令。"滤镜"菜单：包含了各种添加滤镜效果的操作命令。"3D"菜单：包含了新的 3D 绘图与合成命令。"视图"菜单：包含了各种对视图进行设置的操作命令。"窗口"菜单：包含了各种显示或隐藏控制面板的命令。"帮助"菜单：包含了各种帮助信息。

1. 菜单命令的不同状态

（1）子菜单命令：有些菜单命令中包含了更多相关的子菜单命令。包含子菜单的菜单命令，其右侧会显示黑色的三角形▶；单击带有三角形的菜单命令，就会显示出其子菜单，如图 2-3 所示。

（2）不可执行的菜单命令：当菜单命令不符合运行的条件时，就会显示为灰色，即不可执行状态。例如，在 CMYK 模式下，"滤镜"菜单中的部分菜单命令将变为灰色，不能使用。

图 2-3

（3）可弹出对话框的菜单命令：当菜单命令后面有省略号"..."时，如图 2-4 所示，表示单击此菜单可以弹出相应的对话框，可以在对话框中进行相应的设置。

2. 显示或隐藏菜单命令

Photoshop 中可以根据操作需要隐藏或显示指定的菜单命令，不经常使用的菜单命令可以暂时隐藏。选择"窗口 > 工作区 > 键盘快捷键和菜单"命令，弹出"键盘快捷键和菜单"对话框，如图 2-5 所示。

图 2-4

图 2-5

单击"应用程序菜单命令"栏中的命令左侧的三角形按钮▶，将展开详细的菜单命令，如图 2-6 所示。单击"可见性"栏中的眼睛图标，将其相对应的菜单命令进行隐藏，如图 2-7 所示。

设置完成后，单击"存储对当前菜单组的所有更改"按钮，保存当前的设置；也可单击"根据当前菜单组创建一个新组"按钮，将当前的修改创建为一个新组。隐藏应用程序菜单命令前后的菜单效果如图 2-3 和图 2-8 所示。

图 2-6

图 2-7

3. 突出显示菜单命令

为了突出显示需要的菜单命令，可以为其设置颜色。选择"窗口 > 工作区 > 键盘快捷键和菜单"命令，弹出"键盘快捷键和菜单"对话框。在要突出显示的菜单命令后面单击"无"，在弹出的下拉列表中可以选择需要的颜色标注命令，如图 2-9 所示。可以为不同的菜单命令设置不同的颜色，如图 2-10 所示。设置颜色后，菜单命令的效果如图 2-11 所示。

图 2-8

图 2-9

图 2-10

图 2-11

如果要暂时取消显示菜单命令的颜色，可以选择菜单"编辑 > 首选项 > 常规"命令，在弹出的对话框中选择"界面"选项，然后取消勾选"显示菜单颜色"复选框即可。

4.键盘快捷方式

（1）使用键盘快捷方式。

当要选择菜单命令时，可以使用菜单命令旁标注的快捷键，例如，要选择菜单"文件 > 打开"命令，直接按 Ctrl+O 组合键即可。

按住 Alt 键的同时，单击菜单栏中文字后面带括号的字母，可以打开相应的菜单，再按菜单命令中的带括号的字母即可执行相应的命令。例如，要选择"选择"命令，按 Alt+S 组合键即可弹出菜单；要想选择菜单中的"色彩范围"命令，再按 C 键即可。

（2）自定义键盘快捷方式。

为了更方便地使用最常用的命令，Photoshop CS6 提供了自定义键盘快捷方式和保存键盘快捷方式的功能。

选择"窗口 > 工作区 > 键盘快捷键和菜单"命令，弹出"键盘快捷键和菜单"对话框，如图 2-12 所示。在对话框下面的信息栏中说明了快捷键的设置方法，在"组"选项中可以选择要设置快捷键的组合，在"快捷键用于"选项中可以选择需要设置快捷键的菜单或工具，在下面的选项列表中选择需要设置的命令或工具进行设置，如图 2-13 所示。

图 2-12

图 2-13

设置新的快捷键后，单击对话框右上方的"根据当前的快捷键组创建一组新的快捷键"按钮，弹出"存储"对话框，在"文件名"文本框中输入名称，如图 2-14 所示，单击"保存"按钮则存储新的快捷键设置。这时，在"组"选项中即可选择新的快捷键设置，如图 2-15 所示。

图 2-14

图 2-15

更改快捷键设置后，需要单击"存储对当前快捷键组的所有更改"按钮 ![icon] 对设置进行存储，单击"确定"按钮，应用更改的快捷键设置。要将快捷键的设置删除，可以在对话框中单击"删除当前的快捷键组合"按钮 ![icon]，将快捷键的设置删除，Photoshop CS6 会自动还原为默认设置。

> **提示**
>
> 在为控制面板或应用程序菜单中的命令定义快捷键时，这些快捷键必须包括 Ctrl 键或一个功能键。在为工具箱中的工具定义快捷键时，必须使用 A ～ Z 之间的字母。

2.1.2 工具箱

Photoshop CS6 的工具箱包括选择工具、绘图工具、填充工具、编辑工具、颜色选择工具、屏幕视图工具、快速蒙版工具等，如图 2-16 所示。要了解每个工具的具体名称，可以将鼠标光标放置在具体工具的上方，此时会出现一个黄色的图标，上面会显示该工具的具体名称，如图 2-17 所示。工具名称后面括号中的字母，代表选择此工具的快捷键，只要在键盘上按该字母，就可以快速切换到相应的工具上。

切换工具箱的显示状态：Photoshop CS6 的工具箱可以根据需要在单栏与双栏之间自由切换。当工具箱显示为双栏时，如图 2-18 所示，单击工具箱上方的双箭头图标 ![icon]，工具箱即可转换为单栏，节省工作空间，如图 2-19 所示。

显示隐藏工具箱：在工具箱中，部分工具图标的右下方有一个黑色的小三角 ![icon]，表示在该工具下还有隐藏的工具。用鼠标在工具箱中有小三角的工具图标上单击，并按住鼠标左键不放，弹

图 2-16

图 2-17

出隐藏工具选项，如图 2-20 所示，将鼠标光标移动到需要的工具图标上，即可选择该工具。

恢复工具箱的默认设置：要想恢复工具默认的设置，可以选择该工具，在相应的工具属性栏中工具图标上单击鼠标右键，在弹出的快捷菜单中选择"复位工具"命令，如图 2-21 所示。

图 2-18

图 2-19

图 2-20 图 2-21

光标的显示状态：选择工具箱中的工具后，图像中的光标就变为工具图标。例如，选择"裁剪"工具 ⌐，图像窗口中的光标也随之显示为裁剪工具的图标，如图 2-22 所示。选择"画笔"工具 ✎，光标显示为画笔工具的对应图标，如图 2-23 所示。按 Caps Lock 键，光标转换为精确的十字形图标，如图 2-24 所示。

图 2-22 图 2-23 图 2-24

2.1.3 属性栏

选择某个工具后，会出现相应的工具属性栏，可以通过属性栏对工具进行进一步的设置。例如，当选择"魔棒"工具 🖌 时，工作界面的上方会出现相应的"魔棒"工具的属性栏，可以应用属性栏中的各个选项对工具做进一步的设置，如图 2-25 所示。

图 2-25

2.1.4 状态栏

打开一幅图像时，图像的下方会出现该图像的状态栏，如图 2-26 所示。

显示比例区 ——— ——— 图像信息区

图 2-26

状态栏的左侧显示当前图像缩放显示的百分数。在显示区的文本框中输入数值可改变图像窗口的显示比例。

状态栏的中间部分显示当前图像的文件信息，单击右侧的三角形图标 ▶，在弹出的菜单中可以选择当前图像的相关信息，如图 2-27 所示。

2.1.5 控制面板

控制面板是处理图像时另一个不可或缺的部分。Photoshop CS6 界面为用户提供了多个控制面板组。

收缩与扩展控制面板：控制面板可以根据需要进行伸缩。控制面板的展开状态如图 2-28 所示。单击控制面板上方的双箭头图标 ▶▶，可以将控制面板收缩，如

图 2-27

图 2-29 所示。如果要展开某个控制面板，可以直接单击其选项卡，相应的控制面板会自动弹出，如图 2-30 所示。

图 2-28 图 2-29 图 2-30

拆分控制面板：若需单独拆分出某个控制面板，可用鼠标选中该控制面板的选项卡并向工作区拖曳，如图 2-31 所示，选中的控制面板将被单独地拆分出来，如图 2-32 所示。

图 2-31 图 2-32

组合控制面板：可以根据需要将两个或多个控制面板组合到一个控制面板组中，这样可以节省操作的空间。要组合控制面板，可以选中外部控制面板的选项卡，用鼠标将其拖曳到要组合的控制面板组中，面板组周围出现蓝色的边框，如图 2-33 所示，此时释放鼠标，选中的控制面板将被组合到控制面板组中，如图 2-34 所示。

控制面板弹出式面板菜单：单击控制面板右上方的图标 ，可以弹出控制面板的面板菜单，应用面板菜单可以提高控制面板的功能性，如图 2-35 所示。

图 2-33 图 2-34 图 2-35

隐藏与显示控制面板：按 Tab 键，可以隐藏工具箱和控制面板；再次按 Tab 键，可显示出隐藏的部分。按 Shift+Tab 组合键，可以隐藏控制面板；再次按 Shift+Tab 组合键，可显示出隐藏的部分。

> **提示**
>
> 按 F6 键显示或隐藏"颜色"控制面板，按 F7 键显示或隐藏"图层"控制面板，
> 按 F8 键显示或隐藏"信息"控制面板，按 Alt+F9 组合键显示或隐藏"动作"控制面板。

自定义工作区：可以依据操作习惯自定义工作区、存储控制面板及设置工具的排列方式，设计出个性化的 Photoshop CS6 界面。

设置工作区后，选择菜单"窗口 > 工作区 > 新建工作区"命令，弹出"新建工作区"对话框，如图 2-36 所示，输入工作区名称，单击"存储"按钮，即可将自定义的工作区进行存储。

使用自定义工作区时，在"窗口 > 工作区"的子菜单中选择新保存的工作区选项。如果要再恢复使用 Photoshop CS6 默认的工作区状态，可以选择菜单"窗口 > 工作区 > 复位基本功能"命令进行恢复。选择菜单"窗口 > 工作区 > 删除工作区"命令，可以删除自定义的工作区。

图 2-36

2.2　文件操作

新建图像是使用 Photoshop CS6 进行设计的第一步。如果要在一个空白的图像上绘图，就要在 Photoshop CS6 中新建一个图像文件。

2.2.1　新建图像

选择菜单"文件 > 新建"命令，或按 Ctrl+N 组合键，弹出"新建"对话框，如图 2-37 所示。在对话框中可以设置新建图像的名称、图像的宽度和高度、分辨率、颜色模式等选项，设置完成后单击"确定"按钮，即可完成新建图像的操作，如图 2-38 所示。

图 2-37

图 2-38

2.2.2　打开图像

如果要对照片或图片进行修改和处理，就要在 Photoshop CS6 中打开需要的图像。

选择菜单"文件 > 打开"命令，或按 Ctrl+O 组合键，弹出"打开"对话框，在对话框中搜索路径和文件，确认文件类型和名称，通过 Photoshop CS6 提供的预览缩略图选择文件，如图 2-39 所示。然后单击"打开"按钮，或直接双击文件，即可打开指定的图像文件，如图 2-40 所示。

图 2-39

图 2-40

> **提示**
>
> 　　在"打开"对话框中，也可以一次同时打开多个文件，只要在文件列表中将所需的几个文件选中，并单击"打开"按钮即可。在"打开"对话框中选择文件时，按住 Ctrl 键的同时用鼠标单击，可以选择不连续的多个文件。按住 Shift 键的同时用鼠标单击，可以选择连续的多个文件。

2.2.3　保存图像

编辑和制作完图像后，就需要将图像进行保存，以便于下次打开继续操作。

选择"文件 > 存储"命令，或按 Ctrl+S 组合键，可以存储文件。当设计好的作品进行第一次存储时，选择"文件 > 存储"命令，将弹出"存储为"对话框，如图 2-41 所示，在对话框中输入文件名、选择文件格式后，单击"保存"按钮，即可将图像保存。

对已存储过的图像文件进行各种编辑操作后，选择"存储"命令，将不弹出"存储为"对话框，计算机直接保存最终确认的结果，并覆盖原始文件。

2.2.4　关闭图像

将图像进行存储后，可以选择将其关闭。选择"文件 > 关闭"命令，或按 Ctrl+W 组合键，即可关闭图像文件。关闭图像时，若当前图像文件被修改过或是新建的文件，则会弹出提示框，如图 2-42 所示，单击"是"按钮即可存储并关闭图像。

图 2-41

图 2-42

2.3 图像的显示效果

使用 Photoshop CS6 编辑和处理图像时，可以通过改变图像的显示比例，使工作更便捷、高效。

2.3.1 100% 显示图像

以 100% 的比例显示图像，如图 2-43 所示。在此状态下可以对文件进行精确的编辑。

2.3.2 放大显示图像

选择"缩放"工具 🔍，在图像中鼠标光标变为放大工具图标 ⊕，每单击一次鼠标，图像就会放大一倍。当图像以 100% 的比例显示时，用鼠标在图像窗口中单击 1 次，图像则以 200% 的比例显示，效果如图 2-44 所示。

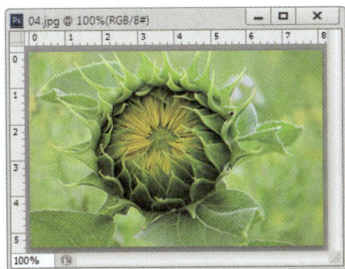

图 2-43

当要放大一个指定的区域时，选择"缩放"工具 🔍，鼠标光标变为放大工具图标 ⊕，按住鼠标左键不放，在图像上绘制一个矩形选区，如图 2-45 所示，选中需要放大的区域，释放鼠标左键，选中的区域会放大显示并填满图像窗口，如图 2-46 所示。

图 2-44

图 2-45

图 2-46

按 Ctrl++ 组合键，可逐次放大图像，例如，从 100% 的显示比例放大到 200%，直至 300%、400%。

2.3.3 缩小显示图像

缩小显示图像，一方面可以用有限的屏幕空间显示出更多的图像，另一方面可以看到一个较大图像的全貌。

选择"缩放"工具 🔍，在图像中光标变为放大工具图标 ⊕，按住 Alt 键不放，鼠标光标变为缩小工具图标 ⊖。每单击一次鼠标，图像将缩小一级显示。图像的原始效果如图 2-47 所示，缩小显示后效果如图 2-48 所示。也可以按 Ctrl+- 组合键，逐次缩小图像。

图 2-47

图 2-48

也可在"缩放"工具的属性栏中单击缩小工具按钮🔍，如图 2-49 所示，则鼠标光标变为缩小工具图标🔍，每单击一次鼠标，图像将缩小一级显示。

图 2-49

2.3.4 全屏显示图像

如果要使图像恰好在屏幕中完整显示，可以在"缩放"工具的属性栏中单击"适合屏幕"按钮 适合屏幕 ，效果如图 2-50 所示。单击"实际像素"按钮 实际像素 ，图像将以实际像素比例显示。单击"填充屏幕"按钮 填充屏幕 ，将缩放图像以填满整个屏幕。单击"打印尺寸"按钮 打印尺寸 ，图像将以打印分辨率显示。

当图像窗口在 Photoshop 工作界面中浮动显示时，如果勾选"调整窗口大小以满屏显示"复选框，如图 2-51 所示，则改变图像的显示比例时，图像窗口大小会随之改变以保证图像始终填满整个图像窗口。

图 2-50

图 2-51

2.3.5 图像窗口显示

当打开多个图像文件时，会出现多个图像文件窗口，这就需要对窗口进行布置和摆放。

同时打开多幅图像，效果如图 2-52 所示。按 Tab 键，关闭操作界面中的工具箱和控制面板，选择"窗口 > 排列 > 使所有内容在窗口中浮动"命令，图像以操作浮动状态排列在界面中，如图 2-53 所示。此时，可对图像进行层叠、平铺的操作。选择"将所有内容合并到选项卡中"命令，可将所有图像再次合并到选项卡中。

图 2-52

图 2-53

选择"窗口 > 排列 > 全部垂直拼贴"命令，图像的排列效果如图 2-54 所示。选择"窗口 > 排列 > 全部水平拼贴"命令，图像的排列效果如图 2-55 所示。

图 2-54

图 2-55

2.3.6　观察放大图像

选择"抓手"工具，在图像中鼠标光标变为抓手，用鼠标拖曳图像，可以观察图像的每个部分，效果如图 2-56 所示。直接用鼠标拖曳图像周围的垂直滚动条和水平滚动条，也可观察图像的每个部分，效果如图 2-57 所示。如果正在使用其他的工具进行工作，按住 Spacebar （空格）键，可以暂时切换到"抓手"工具。

图 2-56

图 2-57

2.4　标尺、参考线和网格线的设置

标尺和网格线的设置可以使图像处理更加精确，而实际设计任务中的问题有许多也需要使用标尺和网格线来解决。

2.4.1　标尺的设置

设置标尺可以精确地编辑和处理图像。选择"编辑 > 首选项 > 单位与标尺"命令，弹出相应的对话框，如图 2-58 所示。

单位：用于设置标尺和文字的显示单位，有不同的

图 2-58

显示单位供选择。列尺寸：用于用列来精确确定图像的尺寸。点 / 派卡大小：与输出有关。选择"视图 > 标尺"命令，可以将标尺显示或隐藏，如图 2-59 和图 2-60 所示。

图 2-59　　　　　　　　　　　图 2-60

将鼠标光标放在标尺的 x 轴和 y 轴的 0 点处，如图 2-61 所示。单击并按住鼠标左键不放，向右下方拖曳鼠标到适当的位置，如图 2-62 所示。释放鼠标左键，标尺的 x 和 y 轴的 0 点就变为鼠标移动后的位置，如图 2-63 所示。

图 2-61　　　　　　　　　图 2-62　　　　　　　　　图 2-63

2.4.2　参考线的设置

设置参考线：设置参考线可以使编辑图像的位置更精确。将鼠标的光标放在水平标尺上，按住鼠标不放，向下拖曳出水平的参考线，效果如图 2-64 所示。将鼠标的光标放在垂直标尺上，按住鼠标不放，向右拖曳出垂直的参考线，效果如图 2-65 所示。

显示或隐藏参考线：选择"视图 > 显示 > 参考线"命令，可以显示或隐藏参考线，此命令只有在存在参考线的前提下才能应用。

移动参考线：选择"移动"工具，将鼠标光标放在参考线上，鼠标光标变为 ，按住鼠标拖曳，可以移动参考线。

锁定、清除、新建参考线：选择"视图 > 锁定参考线"命令或按 Alt +Ctrl+; 组合键，可以将参考线锁定，参考线锁定后将不能移动。选择"视图 > 清除参考线"命令，可以将参考线清除。选择"视图 > 新建参考线"命令，弹出"新建参考线"对话框，如图 2-66 所示，设定后单击"确定"按钮，图像中将出现新建的参考线。

图 2-64　　　　　　　　　图 2-65　　　　　　　　　图 2-66

2.4.3 网格线的设置

设置网格线可以将图像处理得更精准。选择"编辑 > 首选项 > 参考线、网格和切片"命令，弹出相应的对话框，如图 2-67 所示。

参考线：用于设定参考线的颜色和样式。网格：用于设定网格的颜色、样式、网格线间隔、子网格等。切片：用于设定切片的颜色和显示切片的编号。

选择"视图 > 显示 > 网格"命令，可以显示或隐藏网格，如图 2-68 和图 2-69 所示。

图 2-67

图 2-68

图 2-69

> **提示**
>
> 反复按 Ctrl+R 组合键，可以将标尺显示或隐藏。反复按 Ctrl+; 组合键，可以将参考线显示或隐藏。反复按 Ctrl+' 组合键，可以将网格显示或隐藏。

2.5 图像和画布尺寸的调整

根据制作过程中不同的需求，可以随时调整图像的尺寸与画布的尺寸。

2.5.1 图像尺寸的调整

打开一幅图像，选择"图像 > 图像大小"命令，弹出"图像大小"对话框，如图 2-70 所示。

像素大小：通过改变"宽度"和"高度"选项的数值，改变图像在屏幕上显示的大小，图像的尺寸也相应改变。文档大小：通过改变"宽度""高度""分辨率"选项的数值，改变图像的文档大小，图像的尺寸也相应改变。约束比例：选中此复选框，在"宽度"和"高度"选项右侧出现锁链标志，表示改变其中一项设置时，两项会成比例地同时改变。

图 2-70

重定图像像素：不勾选此复选框，像素的数值将不能单独设置，"文档大小"选项组中的"宽度""高度""分辨率"选项右侧将出现锁链标志，改变数值时 3 项会同时改变，如图 2-71 所示。

在"图像大小"对话框中可以改变选项数值的计量单位，在选项右侧的下拉列表中进行选择，如图 2-72 所示。单击"自动"按钮，弹出"自动分辨率"对话框，系统将自动调整图像的分辨率和品质效果，如图 2-73 所示。

图 2-71 　　　　　　　　　图 2-72 　　　　　　　　　图 2-73

2.5.2 画布尺寸的调整

图像画布尺寸的大小是指当前图像周围的工作空间的大小。选择菜单"图像 > 画布大小"命令，弹出"画布大小"对话框，如图 2-74 所示。

当前大小：显示的是当前文件的大小和尺寸。新建大小：用于重新设定图像画布的大小。定位：可调整图像在新画面中的位置，可偏左、居中或在右上角等，如图 2-75 所示。设置不同的定位方式，图像调整后的效果如图 2-76 所示。

图 2-74 　　　　　　　　　　　图 2-75

图 2-76

图 2-76（续）

画布扩展颜色：此选项的下拉列表中可以选择填充图像周围扩展部分的颜色，在列表中可以选择前景色、背景色或 Photoshop CS6 中的默认颜色，也可以自己调整所需的颜色。在对话框中进行设置，如图 2-77 所示，单击"确定"按钮，效果如图 2-78 所示。

图 2-77

图 2-78

2.6 设置绘图颜色

在 Photoshop CS6 中可以使用"拾色器"对话框、"颜色"控制面板、"色板"控制面板对图像进行色彩的选择。

2.6.1 使用"拾色器"对话框设置颜色

可以在"拾色器"对话框中设置颜色。

使用颜色滑块和颜色选择区：用鼠标在颜色色带上进行单击或拖曳两侧的三角形滑块，如图 2-79 所示，可以使颜色的色相产生变化。

在"拾色器"对话框左侧的颜色选择区中，可以选择颜色的明度和饱和度，垂直方向表示的是明度的变化，水平方向表示的是饱和度的变化。

选择好颜色后，在对话框的右侧上方的颜色框中会显示所选择的颜色，右侧下方分别是所选择颜色的 HSB、RGB、Lab、CMYK 值，选择好颜色后，单击"确定"按钮，所选择的颜色将变为工具箱中的前景色或背景色。

使用"颜色库"按钮选择颜色：在"拾色器"对话框中单击"颜色库"按钮 [颜色库]，弹出"颜色库"对话框，如图 2-80 所示。在对话框中，"色库"下拉菜单中是一些常用的印刷颜色体系，如图 2-81 所示，其中，"TRUMATCH"是为印刷设计提供服务的印刷颜色体系。

　　在颜色色相区域内单击或拖曳两侧的三角形滑块，可以使颜色的色相产生变化，在颜色选择区中选择带有编码的颜色，在对话框的右侧上方颜色框中会显示出所选择的颜色，右侧下方是所选择颜色的 CMYK 值。

　　通过输入数值选择颜色：在图 2-79 所示的"拾色器"对话框中，右侧下方的 HSB、RGB、Lab、CMYK 颜色模式后面，都带有可以输入数值的数值框，在其中输入所需颜色的数值也可以得到希望的颜色。

　　选中对话框左下方的"只有 Web 颜色"复选框，颜色选择区中出现供网页使用的颜色，如图 2-82 所示，在右侧的数值框 # ┃cc66cc┃ 中，显示的是网页颜色的数值。

图 2-79

图 2-80

图 2-81

图 2-82

2.6.2 使用"颜色"控制面板设置颜色

　　"颜色"控制面板可以用来改变前景色和背景色。选择"窗口 > 颜色"命令，弹出"颜色"控制面板，如图 2-83 所示。

　　在"颜色"控制面板中，可先单击左侧的设置前景色或设置背景色图标来确定所调整的是前景色还是背景色。然后拖曳三角滑块或在色带中选择所需的颜色，或直接在颜色的数值框中输入数值调整颜色。

　　单击"颜色"控制面板右上方的图标 ，弹出面板菜单，如图 2-84 所示，此菜单用于设定"颜色"控制面板中显示的颜色模式，可以在不同的颜色模式中调整颜色。

图 2-83　　　　　图 2-84

2.6.3 使用"色板"控制面板设置颜色

　　"色板"控制面板可以用来选取一种颜色来改变前景色或背景色。选择"窗口 > 色板"命令，弹出"色板"控制面板，如图 2-85 所示。单击"色板"控制面板右上方的图标 ▤，弹出面板菜单，如图 2-86 所示。

图 2-85

图 2-86

　　新建色板：用于新建一个色板。小缩览图：可使控制面板显示为小图标方式。小列表：可使控制面板显示为小列表方式。预设管理器：用于对色板中的颜色进行管理。复位色板：用于恢复系统的初始设置状态。载入色板：用于向"色板"控制面板中增加色板文件。存储色板：用于将当前"色板"控制面板中的色板文件存入硬盘。替换色板：用于替换"色板"控制面板中现有的色板文件。"ANPA颜色"选项以下都是配置的颜色库。

　　在"色板"控制面板中，将鼠标光标移到空白处，鼠标光标变为油漆桶 🪣，如图 2-87 所示，此时单击鼠标，弹出"色板名称"对话框，如图 2-88 所示，单击"确定"按钮，即可将当前的前景色添加到"色板"控制面板中，如图 2-89 所示。

　　在"色板"控制面板中，将鼠标光标移到色标上，鼠标光标变为吸管 🖊，如图 2-90 所示，此时单击鼠标，将设置吸取的颜色为前景色，如图 2-91 所示。

图 2-87

图 2-88

图 2-89

图 2-90

图 2-91

提示　　在"色板"控制面板中，按住 Alt 键的同时，将鼠标光标移到颜色色标上，鼠标光标变为剪刀 ✂，此时单击鼠标，将删除当前的颜色色标。

2.7　了解图层的含义

　　图层可以使用户在不影响图像中其他图像元素的情况下处理某一图像元素。可以将图层看作是一张张叠起来的硫酸纸，透过图层的透明区域可以看到下面的图层。通过更改图层的顺序和属性，可以改变图像的合成。图像效果如图 2-92 所示，其图层原理如图 2-93 所示。

图 2-92　　　　　　　　　　　　　　　　图 2-93

2.7.1　"图层"控制面板

　　"图层"控制面板列出了图像中的所有图层、组和图层效果，如图 2-94 所示。可以使用"图层"控制面板来搜索图层、显示和隐藏图层、创建新图层以及处理图层组，还可以在"图层"控制面板的弹出式面板菜单中设置其他命令和选项。

　　图层搜索功能：在 🔍 类型 ⬦ 框中可以选取 6 种不同的搜索方式。类型：可以通过单击"像素图层"按钮 🖼、"调整图层"按钮 ◉、"文字图层"按钮 T、"形状图层"按钮 🗖 和"智能对象"按钮 🗗 来搜索需要的图层类型。名称：可以通过在右侧的文本框中输入图层名称来搜索图层。效果：通过图层应用的图层样式来搜索图层。模式：通过图层设定的混合模式来搜索图层。属性：通过图层的可见、锁定、链接的、高级混合、蒙版等属性来搜索图层。颜色：通过不同的图层颜色来搜索图层。

图 2-94

　　混合模式 正常 ⬦：用于设定图层的混合模式，共包含有 27 种混合模式。不透明度：用于设定图层的不透明度。填充：用于设定图层的填充百分比。眼睛图标 👁：用于打开或隐藏图层中的内容。锁链图标 🔗：表示图层与图层之间的链接关系。图标 T：表示此图层为可编辑的文字层。图标 fx：为图层添加了样式。

　　锁定：用于锁定图层。右侧有 4 个工具图标，如图 2-95 所示。

　　锁定透明像素 ▨：用于锁定当前图层中的透明区域，使透明区域不能被编辑。锁定图像像素 ✔：使当前图层和透明区域不能被编辑。锁定位置 ✛：使当前图层不能被移动。锁定全部 🔒：使当前图层或序列完全被锁定。

　　在"图层"控制面板的下方有 7 个工具按钮图标，如图 2-96 所示。

图 2-95　　　　　　　　　　　　　　　　图 2-96

链接图层 🔗：使所选图层和当前图层成为一组，当对一个链接图层进行操作时，将影响一组链接图层。添加图层样式 *fx.*：为当前图层添加图层样式效果。添加图层蒙版 ▣：将在当前层上创建一个蒙版。在图层蒙版中，黑色代表隐藏图像，白色代表显示图像。可以使用画笔等绘图工具对蒙版进行绘制，还可以将蒙版转换成选择区域。创建新的填充或调整图层 ◕：可对图层进行颜色填充和效果调整。创建新组 🗀：用于新建一个文件夹，可在其中放入图层。创建新图层 🗔：用于在当前图层的上方创建一个新层。删除图层 🗑：即垃圾桶，可以将不需要的图层拖曳到此处进行删除。

2.7.2 "图层"命令菜单

单击"图层"控制面板右上方的图标 ▾≣，弹出其面板菜单，如图 2-97 所示。

2.7.3 新建图层

新建图层的方法有以下几种。

图 2-97

（1）使用控制面板弹出式面板菜单：单击"图层"控制面板右上方的图标 ▾≣，弹出其面板菜单，选择"新建图层"命令，弹出"新建图层"对话框，如图 2-98 所示。

名称：用于设定新图层的名称。勾选"使用前一图层创建剪贴蒙版"复选框，可以选择使用前一图层创建剪贴蒙版。颜色：用于设定新图层的颜色。模式：用于设定当前图层的合成模式。不透明度：用于设定当前图层的不透明度值。

（2）使用控制面板按钮：单击"图层"控制面板下方的"创建新图层"按钮 🗔，可以创建一个新图层。按住 Alt 键的同时单击"创建新图层"按钮 🗔，将弹出"新建图层"对话框。

（3）使用"图层"菜单命令或快捷键：选择"图层 > 新建 > 图层"命令，弹出"新建图层"对话框。按 Shift+Ctrl+N 组合键，也可以弹出"新建图层"对话框。

2.7.4 复制图层

复制图层的方法有以下几种。

（1）使用控制面板弹出式面板菜单：单击"图层"控制面板右上方的图标 ▾≣，弹出其命令菜单，选择"复制图层"命令，弹出"复制图层"对话框，如图 2-99 所示。

图 2-98

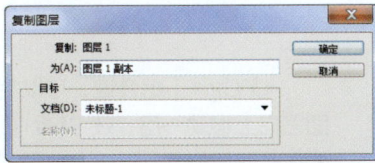

图 2-99

为：用于设定复制层的名称。文档：用于设定复制层的文件来源。

（2）使用控制面板按钮：将需要复制的图层拖曳到控制面板下方的"创建新图层"按钮 🗔 上，可以将所选的图层复制为一个新图层。

（3）使用菜单命令：选择"图层 > 复制图层"命令，弹出"复制图层"对话框。

（4）使用鼠标拖曳的方法复制不同图像之间的图层：打开目标图像和需要复制的图像。将需要复制的图像中的图层直接拖曳到目标图像的图层中，图层复制完成。

2.7.5 删除图层

删除图层的方法有以下几种。

（1）使用控制面板弹出式面板菜单：单击"图层"控制面板右上方的图标，弹出其面板菜单，选择"删除图层"命令，弹出提示对话框，如图 2-100 所示。

（2）使用控制面板按钮：选中要删除的图层，单击"图层"控制面板下方的"删除图层"按钮 🗑，即可删除图层。或将需要删除的图层直接拖曳到"删除图层"按钮 🗑 上进行删除。

图 2-100

（3）使用菜单命令：选择"图层 > 删除 > 图层"命令，即可删除图层。

2.7.6 图层的显示和隐藏

单击"图层"控制面板中任意图层左侧的眼睛图标 👁，可以隐藏这个图层。在同一位置再次单击，可以显示图层。

按住 Alt 键的同时单击"图层"控制面板中的任意图层左侧的眼睛图标 👁，此时，"图层"控制面板中将只显示这个图层，其他图层被隐藏。

2.7.7 图层的选择、链接和排列

（1）选择图层：用鼠标单击"图层"控制面板中的任意一个图层，可以选择这个图层。

选择"移动"工具 ►✛，在窗口中的图像上单击鼠标右键，弹出一组供选择的图层选项菜单，选择所需要的图层即可。将鼠标光标靠近需要的图像进行以上操作，即可选择这个图像所在的图层。

（2）链接图层：当要同时对多个图层中的图像进行操作时，可以将多个图层进行链接，方便操作。选中要链接的图层，如图 2-101 所示，单击"图层"控制面板下方的"链接图层"按钮 ⊖，选中的图层被链接，如图 2-102 所示。再次单击"链接图层"按钮 ⊖，可取消链接。

（3）排列图层：单击"图层"控制面板中的任意图层并按住鼠标左键不放，拖曳鼠标可将其调整到其他图层的上方或下方。

图 2-101   图 2-102

选择"图层 > 排列"命令，弹出"排列"命令的子菜单，选择其中的排列方式即可排列图层。

> **提示**
>
> 按 Ctrl+ [组合键，可以将当前图层向下移动一层；按 Ctrl+] 组合键，可以将当前图层向上移动一层；按 Shift+Ctrl+ [组合键，可以将当前图层移动到除了背景图层以外的所有图层的下方；按 Shift +Ctrl+] 组合键，可以将当前图层移动到所有图层的上方。背景图层不能随意移动，可转换为普通图层后再移动。

2.7.8 合并图层

"向下合并"命令用于向下合并图层。单击"图层"控制面板右上方的图标 ▾≡，在弹出式面板菜单中选择"向下合并"命令，或按 Ctrl+E 组合键即可向下合并图层。

"合并可见图层"命令用于合并所有可见层。单击"图层"控制面板右上方的图标 ▾≡，在弹出

式面板菜单中选择"合并可见图层"命令，或按 Shift+Ctrl+E 组合键即可合并可见图层。

　　"拼合图像"命令用于合并所有的图层。单击"图层"控制面板右上方的图标▼，在弹出式面板菜单中选择"拼合图像"命令即可合并所有图层。

2.7.9　图层组

　　当编辑多层图像时，为了方便操作，可以将多个图层建立在一个图层组中。单击"图层"控制面板右上方的图标▼，在弹出的面板菜单中选择"新建组"命令，弹出"新建组"对话框，单击"确定"按钮，新建一个图层组，如图 2-103 所示。选中要放置到组中的多个图层，如图 2-104 所示，将其向图层组中拖曳，选中的图层被放置在图层组中，如图 2-105 所示。

图 2-103　　　　　　　　　图 2-104　　　　　　　　　图 2-105

> **提示**
>
> 　　单击"图层"控制面板下方的"创建新组"按钮▢，可以新建图层组。选择"图层 > 新建 > 组"命令，也可新建图层组。还可选中要放置在图层组中的所有图层，按 Ctrl+G 组合键，自动生成新的图层组。

2.8　恢复操作的应用

　　在绘制和编辑图像的过程中，经常会错误地执行一个步骤或对制作的一系列效果不满意。当希望恢复到前一步或原来的图像效果时，可以使用恢复操作命令。

2.8.1　恢复到上一步的操作

　　在编辑图像的过程中可以随时将操作返回到上一步，也可以还原图像到恢复前的效果。选择"编辑 > 还原"命令，或按 Ctrl+Z 组合键，可以恢复到图像的上一步操作。如果想还原图像到恢复前的效果，再按 Ctrl+Z 组合键即可。

2.8.2　中断操作

　　当 Photoshop CS6 正在进行图像处理时，想中断这次正在进行的操作，按 Esc 键即可。

2.8.3　恢复到操作过程的任意步骤

　　"历史记录"控制面板可以将进行过多次处理操作的图像恢复到任一步操作时的状态，即所谓的"多次恢复功能"。选择"窗口 > 历史记录"命令，弹出"历史记录"控制面板，如图 2-106 所示。

"历史记录"控制面板下方的按钮从左至右依次为"从当前状态创建新文档"按钮 🔲、"创建新快照"按钮 📷、"删除当前状态"按钮 🗑 。

单击控制面板右上方的图标 ▼≡，弹出其面板菜单，如图 2-107 所示。

图 2-106

图 2-107

前进一步：用于将滑块向下移动一位。后退一步：用于将滑块向上移动一位。新建快照：用于根据当前滑块所指的操作记录建立新的快照。删除：用于删除控制面板中滑块所指的操作记录。清除历史记录：用于清除控制面板中除最后一条记录外的所有记录。新建文档：用于由当前状态或者快照建立新的文件。历史记录选项：用于设置"历史记录"控制面板。关闭、关闭选项卡组：用于关闭"历史记录"控制面板和控制面板所在的选项卡组。

03

第 3 章
绘制和编辑选区

本章介绍

本章将主要介绍 Photoshop CS6 选区的概念、绘制选区的方法以及编辑选区的技巧。通过本章的学习，可以快速地绘制规则与不规则的选区，并对选区进行移动、羽化、反选等调整操作。

学习目标

- 掌握选框工具、"套索"工具、"魔棒"工具的使用方法。
- 掌握移动选区、羽化选区的使用方法。
- 掌握取消选区、全选和反选选区的使用方法。

技能目标

- 掌握"圣诞贺卡"的制作方法。
- 掌握"家庭照片模板"的制作方法。

3.1 选区工具的使用

对图像进行编辑，首先要进行选择图像的操作。能够快捷精确地选择图像，是提高处理图像效率的关键。

3.1.1 课堂案例——制作时尚彩妆类电商 Banner

案例学习目标

学习使用不同的选区工具抠出图像，并使用移动工具将其合成 Banner。

案例知识要点

使用矩形选框工具、椭圆选框工具、多边形套索工具和魔棒工具抠出化妆品，使用变换命令调整图像大小，使用移动工具合成图像，最终效果如图 3-1 所示。

图 3-1

扫码观看
本案例视频

扫码观看
扩展案例

效果所在位置

云盘 /Ch03/ 效果 / 制作时尚彩妆类电商 Banner.psd。

（1）按 Ctrl + O 组合键，打开云盘中的"Ch03 > 素材 > 制作时尚彩妆类电商 Banner > 02"文件，如图 3-2 所示。选择"矩形选框"工具，在 02 图像窗口中沿着化妆品盒边缘拖曳鼠标绘制选区，如图 3-3 所示。

图 3-2

图 3-3

（2）按 Ctrl + O 组合键，打开云盘中的"Ch03 > 素材 > 制作时尚彩妆类电商 Banner > 01"文件，如图 3-4 所示。选择"移动"工具，将 02 图像窗口选区中的图像拖曳到 01 图像窗口中适当的位置，效果如图 3-5 所示。在"图层"控制面板中生成新的图层并将其命名为"化妆品 1"。

图 3-4

图 3-5

（3）按 Ctrl+T 组合键，在图像周围出现变换框，如图 3-6 所示，将鼠标指针放在变换框的控制手柄外侧，指针变为旋转图标↰，如图 3-7 所示，拖曳鼠标将图像旋转到适当的角度，按 Enter键确认操作，效果如图 3-8 所示。

图 3-6　　　　　　　　　图 3-7　　　　　　　　　图 3-8

（4）选择"椭圆选框"工具 ◯，在 02 图像窗口中沿着化妆品边缘拖曳鼠标绘制选区，如图3-9 所示。选择"移动"工具 ⊕，将 02 图像窗口选区中的图像拖曳到 01 图像窗口中适当的位置，效果如图 3-10 所示。在"图层"控制面板中生成新的图层并将其命名为"化妆品 2"。

图 3-9　　　　　　　　　　　　图 3-10

（5）选择"多边形套索"工具 ⛖，在 02 图像窗口中沿着化妆品边缘单击鼠标绘制选区，如图 3-11 所示。选择"移动"工具 ⊕，将 02 图像窗口选区中的图像拖曳到 01 图像窗口中适当的位置，效果如图 3-12 所示。在"图层"控制面板中生成新的图层并将其命名为"化妆品 3"。

图 3-11　　　　　　　　　　　图 3-12

（6）按 Ctrl + O 组合键，打开云盘中的"Ch03 > 素材 > 制作时尚彩妆类电商 Banner >03"文件，如图 3-13 所示。选择"魔棒"工具 ⚲，在图像窗口中的背景区域单击，图像周围生成选区，如图 3-14 所示。按 Shift+Ctrl+I 组合键，将选区反选，如图 3-15 所示。

（7）选择"移动"工具 ⊕，将 03 图像窗口选区中的图像拖曳到 01 图像窗口中适当的位置，图像效果如图 3-16 所示。在"图层"控制面板中生成新的图层并将其命名为"化妆品 4"。

图 3-13　　　图 3-14　　　图 3-15　　　　　　　　图 3-16

（8）按 Ctrl + O 组合键，打开云盘中的"Ch03 > 素材 > 制作时尚彩妆类电商 Banner > 04、05"文件，如图 3-17 和图 3-18 所示。

图 3-17

图 3-18

（9）选择"移动"工具 ，将图片分别拖曳到 01 图像窗口中适当的位置，图像效果如图 3-19 所示。在"图层"控制面板中分别生成新的图层并将其命名为"云 1"和"云 2"，如图 3-20 所示。

图 3-19

图 3-20

（10）在"图层"控制面板中选中"云 1"图层，并将其拖曳到"化妆品 1"图层的下方，"图层"控制面板如图 3-21 所示，图像效果如图 3-22 所示。时尚彩妆类电商 Banner 制作完成。

图 3-21

图 3-22

3.1.2 选框工具

选择"矩形选框"工具 ，或反复按 Shift+M 组合键，其属性栏状态如图 3-23 所示。

图 3-23

新选区 ：去除旧选区，绘制新选区。添加到选区 ：在原有选区的上面增加新的选区。从选区减去 ：在原有选区上减去新选区的部分。与选区交叉 ：选择新旧选区重叠的部分。羽化：用于设定选区边界的羽化程度。消除锯齿：用于清除选区边缘的锯齿。样式：用于选择类型。

绘制矩形选区：选择"矩形选框"工具 ，在图像中适当的位置单击并按住鼠标左键不放，向右下方拖曳鼠标绘制选区；释放鼠标左键，矩形选区绘制完成，如图 3-24 所示。按住 Shift 键，在图像中可以绘制出正方形选区，如图 3-25 所示。

图 3-24

图 3-25

设置矩形选区的比例：在"矩形选框"工具 ⊡ 的属性栏中，选择"样式"选项下拉列表中的"固定比例"，将"宽度"选项设为 1，"高度"选项设为 3，如图 3-26 所示。在图像中绘制固定比例的选区，效果如图 3-27 所示。单击"高度和宽度互换"按钮 ⇄ ，可以快速地将宽度和高度比的数值互换，互换后绘制的选区效果如图 3-28 所示。

图 3-26

图 3-27

图 3-28

设置固定尺寸的矩形选区：在"矩形选框"工具 ⊡ 的属性栏中，选择"样式"选项下拉列表中的"固定大小"，在"宽度"和"高度"选项中输入数值，单位只能是像素，如图 3-29 所示。绘制固定大小的选区，效果如图 3-30 所示。单击"高度和宽度互换"按钮 ⇄ ，可以快速地将宽度和高度的数值互换，互换后绘制的选区效果如图 3-31 所示。

图 3-29

图 3-30

图 3-31

因"椭圆选框"工具的应用与"矩形选框"工具基本相同，这里就不再赘述。

3.1.3　"套索"工具

"套索"工具可以在图像或图层中绘制不规则形状的选区，选取不规则形状的图像。

选择"套索"工具，或反复按 Shift+L 组合键，其属性栏状态如图 3-32 所示。

　　：为选择方式选项。羽化：用于设定选区边缘的羽化程度。消除锯齿：用于清除选区边缘的锯齿。

图 3-32

选择"套索"工具，在图像中适当的位置单击并按住鼠标左键不放，拖曳鼠标在图像上进行绘制，如图 3-33 所示，释放鼠标左键，选择区域自动封闭生成选区，效果如图 3-34 所示。

图 3-33

图 3-34

3.1.4　"魔棒"工具

"魔棒"工具可以用来选取图像中的某一点，并将与这一点颜色相同或相近的点自动融入选区中。

选择"魔棒"工具，或按 W 键，其属性栏状态如图 3-35 所示。

图 3-35

　　：为选择方式选项。取样大小：用于设置取样范围的大小。容差：用于控制色彩的范围，数值越大，可容许的颜色范围越大。消除锯齿：用于清除选区边缘的锯齿。连续：用于选择单独的色彩范围。对所有图层取样：用于将所有可见层中颜色容许范围内的色彩加入选区。

选择"魔棒"工具，在图像中单击需要选择的颜色区域，即可得到需要的选区，如图 3-36 所示。调整属性栏中的容差值，再次单击需要选择的区域，不同容差值的选区效果如图 3-37 所示。

图 3-36

图 3-37

3.2　选区的操作技巧

在建立选区后，可以对选区进行一系列的操作，如移动选区、调整选区、羽化选区等。

3.2.1 课堂案例——制作家庭照片模板

案例学习目标

学习调整选区的方法和技巧，并应用"羽化"命令制作柔和图像效果。

案例知识要点

使用"羽化"命令制作柔和图像效果，使用"魔棒"工具选取图像，效果如图 3-38 所示。

图 3-38

扫码观看
本案例视频

扫码观看
扩展案例

效果所在位置

云盘 /Ch03/ 效果 / 制作家庭照片模板 .psd。

（1）按 Ctrl+O 组合键，打开云盘中的"Ch03 > 素材 > 制作家庭照片模板 > 01"文件，如图 3-39 所示。单击"图层"控制面板下方的"创建新图层"按钮 🗔，生成新的图层并将其命名为"暗角"，如图 3-40 所示。在工具箱下方将前景色设为白色，按 Alt+Delete 组合键，用前景色填充"暗角"图层。

（2）选择"椭圆选框"工具 ◯，在图像窗口中绘制椭圆选区，如图 3-41 所示。选择"选择 > 修改 > 羽化"命令，弹出"羽化选区"对话框，选项的设置如图 3-42 所示，单击"确定"按钮，羽化选区。按 Delete 键，删除选区中的图像，按 Ctrl+D 组合键，取消选区，效果如图 3-43 所示。

图 3-39   图 3-40

（3）按 Ctrl+O 组合键，打开云盘中的"Ch03 > 素材 > 制作家庭照片模板 > 02"文件，选择"移动"工具 ▶⊕，将 02 图片拖曳到图像窗口中适当的位置，效果如图 3-44 所示，在"图层"控制面板中生成新图层并将其命名为"人物 1"。

图 3-41   图 3-42   图 3-43   图 3-44

（4）选择"魔棒"工具 ，在属性栏中的设置如图 3-45 所示，在图像窗口中蓝色背景区域单击鼠标，图像周围生成选区，如图 3-46 所示。按 Delete 键，删除选区中的图像，按 Ctrl+D 组合键，取消选区，图像效果如图 3-47 所示。

图 3-45

（5）按 Ctrl+O 组合键，打开云盘中的"Ch03 > 素材 > 制作家庭照片模板 > 03"文件，选择"移动"工具 ，将人物图片拖曳到图像窗口适当的位置，效果如图 3-48 所示，在"图层"控制面板中生成新图层并将其命名为"人物 2"。

（6）选择"魔棒"工具 ，在图像窗口中绿色背景区域多次单击鼠标，图像周围生成选区，如图 3-49 所示。按 Delete 键，删除选区中的图像，按 Ctrl+D 组合键，取消选区，图像效果如图 3-50 所示。

图 3-46

图 3-47

图 3-48

图 3-49

（7）打开云盘中的"Ch03 > 素材 > 制作家庭照片模板"中的 04 和 05 文件，选择"移动"工具 ，分别将 04、05 图片拖曳到图像窗口适当的位置，效果如图 3-51 所示。在"图层"控制面板中分别生成新的图层并将其分别命名为"飞机"和"文字"，如图 3-52 所示。家庭照片模板制作完成。

图 3-50

图 3-51

图 3-52

3.2.2 移动选区

使用鼠标移动选区：选择绘制选区的工具，将鼠标放在选区中，鼠标光标变为 ，如图 3-53 所示。按住鼠标左键并进行拖曳，鼠标光标变为 图标，将选区拖曳到其他位置，如图 3-54 所示。释放鼠标左键，即可完成选区的移动，效果如图 3-55 所示。

图 3-53

图 3-54

图 3-55

使用键盘移动选区：当使用矩形和椭圆选框工具绘制选区时，不要释放鼠标，按住 Spacebar（空格）键的同时拖曳鼠标，即可移动选区。绘制出选区后，使用键盘中的方向键，可以将选区沿各方向移动 1 个像素；使用 Shift+ 方向键组合键，可以将选区沿各方向移动 10 个像素。

3.2.3 羽化选区

羽化选区可以使图像产生柔和的效果。在图像中绘制椭圆选区，如图 3-56 所示，选择"选择 >修改 > 羽化"命令，弹出"羽化选区"对话框，设置羽化半径的数值，如图 3-57 所示，单击"确定"按钮，选区被羽化。按 Shift+Ctrl+I 组合键，将选区反选，如图 3-58 所示。

在选区中填充颜色后，效果如图 3-59 所示。还可以在绘制选区前，在所使用工具的属性栏中直接输入羽化的数值，如图 3-60 所示，此时，绘制的选区自动成为带有羽化边缘的选区。

图 3-56　　　　　　　　　图 3-57　　　　　　　　　图 3-58　　　　　　　图 3-59

图 3-60

3.2.4 取消选区

选择"选择 > 取消选择"命令，或按 Ctrl+D 组合键，可以取消选区。

3.2.5 全选和反选选区

选择所有像素，指将图像中的所有图像全部选取。选择"选择 > 全部"命令或按 Ctrl+A 组合键，即可选取全部图像，效果如图 3-61 所示。

选择"选择 > 反向"命令，或按 Shift+Ctrl+I 组合键，可以对当前的选区进行反向选取，效果分别如图 3-62 和图 3-63 所示。

图 3-61　　　　　　　　　图 3-62　　　　　　　　　图 3-63

3.3 课堂练习——制作足球插画

🔗 练习知识要点

使用"椭圆选框"工具将足球图像抠出，使用"磁性套索"工具将标题图像抠出，使用"多边形套索"工具将人物图像抠出。

📌 素材所在位置

云盘 /Ch03/ 素材 / 制作足球插画 /01 ~ 05。

📁 效果所在位置

云盘 /Ch03/ 效果 / 制作足球插画 .psd，效果如图 3-64 所示。

扫码观看
本案例视频

图 3-64

3.4 课后习题——制作果汁广告

🔗 习题知识要点

使用"椭圆选框"工具和"羽化"命令制作投影效果，使用"魔棒"工具选取图像，使用"反向"命令反选图像，使用"移动"工具移动选区中的图像。

📌 素材所在位置

云盘 /Ch03/ 素材 / 制作果汁广告 /01~03。

📁 效果所在位置

云盘 /Ch03/ 效果 / 制作果汁广告 .psd，效果如图 3-65 所示。

扫码观看
本案例视频

图 3-65

04

第4章
绘制图像

本章介绍

本章将主要介绍 Photoshop CS6 绘图工具的使用方法以及填充工具的使用技巧。通过本章的学习，可以应用绘图工具绘制出丰富多彩的图像效果，应用填充工具制作出多样的填充效果。

学习目标

- 掌握"画笔"工具、"铅笔"工具的使用方法。
- 掌握"历史记录画笔"工具、"历史记录艺术画笔"工具的使用方法。
- 掌握"油漆桶"工具、"吸管"工具、"渐变"工具的使用技巧。
- 掌握"填充"命令、"定义图案"命令、"描边"命令的使用技巧。

技能目标

- 掌握"趣味音乐"的绘制方法。
- 掌握"油画效果"的制作方法。
- 掌握"彩虹效果"的绘制方法。
- 掌握"新婚卡片"的制作方法。

4.1 绘图工具的使用

使用绘图工具是绘画和编辑图像的基础。使用"画笔"工具可以绘制出各种绘画效果。使用"铅笔"工具可以绘制出各种硬边效果的图像。

4.1.1 课堂案例——制作趣味音乐

案例学习目标

学会使用"画笔"工具绘制趣味表情。

案例知识要点

使用"画笔"工具绘制表情，使用"横排文字"工具添加文字，效果如图 4-1 所示。

扫码观看
本案例视频

扫码观看
扩展案例

图 4-1

效果所在位置

云盘 /Ch04/ 效果 / 制作趣味音乐 .psd。

（1）按 Ctrl+O 组合键，打开云盘中的"Ch04 > 素材 > 制作趣味音乐"中的 01 和 02 文件，如图 4-2 和图 4-3 所示。选择"移动"工具 ，将 02 图片拖曳到 01 图像窗口中适当的位置并调整其大小，效果如图 4-4 所示。在"图层"控制面板中生成新的图层并将其命名为"橙子"。

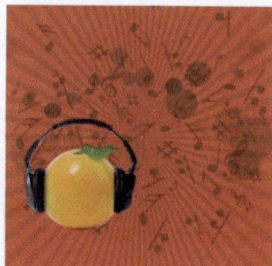

图 4-2   图 4-3   图 4-4

（2）新建图层并将其命名为"笑脸"。将前景色设为黑色。选择"画笔"工具 ，在属性栏中单击"画笔"选项右侧的按钮 ，弹出画笔选择面板，单击面板右上方的按钮 ，在弹出的下拉菜单中选择"方头画笔"命令，弹出提示对话框，单击"追加"按钮。在面板中选择需要的画笔形状，如图 4-5 所示，在图像窗口中绘制表情，效果如图 4-6 所示。

（3）新建图层并将其命名为"投影"。选择"椭圆选框"工具 ⊙，在图像窗口中绘制椭圆选区，如图 4-7 所示。选择"选择 > 修改 > 羽化"命令，在弹出的对话框中进行设置，如图 4-8 所示，单击"确定"按钮，羽化选区。按 Alt+Delete 组合键，用前景色填充选区。按 Ctrl+D 组合键，取消选区，效果如图 4-9 所示。将"阴影"图层拖曳到"橙子"图层的下方，图像效果如图 4-10 所示。

图 4-5   图 4-6   图 4-7   图 4-8

（4）用相同的方法制作图 4-11 所示的效果。将前景色设为白色。选择"横排文字"工具 T，在适当的位置输入需要的文字并选取文字，在属性栏中选择合适的字体并设置文字大小，效果如图 4-12 所示。趣味音乐制作完成。

图 4-9   图 4-10   图 4-11   图 4-12

4.1.2 "画笔"工具

"画笔"工具可以模拟画笔效果在图像或选区中进行绘制。

选择"画笔"工具 ✐，或反复按 Shift+B 组合键，其属性栏状态如图 4-13 所示。

图 4-13

画笔 ：用于选择画笔。模式：用于选择绘画颜色与下面现有像素的混合模式。不透明度：可以设定画笔颜色的不透明度。流量：用于设定喷笔压力，压力越大，喷色越浓。启用喷枪模式 ：可以启用喷枪功能。绘图板压力控制大小 ：使用压感笔压力可以覆盖画笔选择面板中的"硬度"和"大小"的设置。

使用"画笔"工具：选择"画笔"工具 ✐，在画笔工具的属性栏中设置画笔，如图 4-14 所示，在图像中单击鼠标并按住不放，拖曳鼠标可以绘制出如图 4-15 所示的效果。

图 4-14

画笔预设：在"画笔"工具的属性栏中单击"画笔"选项右侧的按钮 ，弹出图 4-16 所示的画笔选择面板，在画笔选择面板中可以选择画笔形状。

　　拖曳"大小"选项下方的滑块或直接输入数值，可以设置画笔的大小。如果选择的画笔是基于样本的，将显示"恢复到原始大小"按钮 🔄，单击此按钮，可以使画笔的大小恢复到初始的大小。

　　单击画笔选择面板右上方的按钮 ⚙，在弹出的下拉菜单中选择"描边缩览图"命令，如图 4-17 所示，画笔选择面板的显示效果如图 4-18 所示。

图 4-15　　　　　图 4-16　　　　　图 4-17　　　　　图 4-18

　　新建画笔预设：用于建立新画笔。重命名画笔：用于重新命名画笔。删除画笔：用于删除当前选中的画笔。仅文本：以文字描述方式显示画笔选择面板。小缩览图：以小图标方式显示画笔选择面板。大缩览图：以大图标方式显示画笔选择面板。小列表：以小文字和图标列表方式显示画笔选择面板。大列表：以大文字和图标列表方式显示画笔选择面板。描边缩览图：以笔划的方式显示画笔选择面板。预设管理器：用于在弹出的预置管理器对话框中编辑画笔。复位画笔：用于恢复默认状态的画笔。载入画笔：用于将存储的画笔载入面板。存储画笔：用于将当前的画笔进行存储。替换画笔：用于载入新画笔并替换当前画笔。

　　在画笔选择面板中单击"从此画笔创建新的预设"按钮 📄，弹出图 4-19 所示的"画笔名称"对话框。单击属性栏中的"切换画笔面板"按钮 📖，弹出图 4-20 所示的"画笔"控制面板。

图 4-19

图 4-20

4.1.3　"铅笔"工具

　　铅笔工具可以模拟铅笔的效果进行绘画。

　　选择"铅笔"工具 ✏️，或反复按 Shift+B 组合键，其属性栏的效果如图 4-21 所示。

图 4-21

　　画笔 ⋮ ：用于选择画笔。模式：用于选择混合模式。不透明度：用于设定不透明度。自动抹除：用于自动判断绘画时的起始点颜色，如果起始点颜色为背景色，则铅笔工具将以前景色绘制，反之如果起始点颜色为前景色，铅笔工具则会以背景色绘制。

　　使用"铅笔"工具：选择"铅笔"工具 ✏️，在其属性栏中选择笔触大小，并选择"自动抹除"选项，如图 4-22 所示，此时绘制效果与鼠标所单击的起始点颜色有关，当鼠标单击的起始点像素与前景色相同时，"铅笔"工具 ✏️ 将行使"橡皮擦"工具 ◻️ 的功能，以背景色绘图；如果鼠标单击的起始点颜色不是前景色，绘图时仍然会保持以前景色绘制。

将前景色和背景色分别设定为紫色和橙色，在属性栏中勾选"自动抹除"复选框，在图像中单击鼠标，画出一个紫色图形，在紫色图形上单击绘制下一个图形，效果如图 4-23 所示。

图 4-22

图 4-23

4.2　应用历史记录画笔工具

历史记录艺术画笔工具主要用于将图像恢复到以前某一历史状态，以形成特殊的图像效果。

4.2.1　课堂案例——制作油画效果

案例学习目标

学会应用"历史记录"控制面板制作油画效果，使用多个调色命令和滤镜命令制作图像效果。

案例知识要点

使用"新建快照"命令、"不透明度"选项和"历史记录艺术画笔"工具制作油画效果，使用"去色"命令、"色相/饱和度"命令调整图片的颜色，使用"混合模式"选项和"浮雕效果"滤镜命令为图片添加浮雕效果，效果如图 4-24 所示。

扫码观看
本案例视频

扫码观看
扩展案例

图 4-24

效果所在位置

云盘 /Ch04/ 效果 / 制作油画效果 .psd。

1. 制作背景图像

（1）按 Ctrl+O 组合键，打开云盘中的"Ch04 > 素材 > 制作油画效果 > 01"文件，如图 4-25 所示。选择"窗

图 4-25

口＞历史记录"命令，弹出"历史记录"控制面板，单击控制面板右上方的图标，在弹出的面板菜单中选择"新建快照"命令，弹出"新建快照"对话框，如图 4-26 所示，单击"确定"按钮。

（2）新建图层并将其命名为"黑色填充"。将前景色设为黑色，按 Alt+Delete 组合键，用前景色填充图层。在控制面板上方将"黑色填充"图层的"不透明度"选项设为 80%，如图 4-27 所示，效果如图 4-28 所示。

| 图 4-26 | 图 4-27 | 图 4-28 |

（3）新建图层并将其命名为"画笔"。选择"历史记录艺术画笔"工具，在属性栏中单击"画笔"选项右侧的按钮，弹出画笔选择面板，单击面板右上方的按钮，在弹出的菜单中选择"干介质画笔"选项，弹出提示对话框，单击"确定"按钮。在画笔选择面板中选择需要的画笔形状，将"大小"选项设为 60 像素，如图 4-29 所示，属性栏的设置如图 4-30 所示。在图像窗口中拖曳鼠标绘制图形，效果如图 4-31 所示。

| 图 4-29 | 图 4-30 | 图 4-31 |

（4）单击"黑色填充"和"背景"图层左侧的眼睛图标，将"黑色填充"和"背景"图层隐藏，观看绘制的情况，如图 4-32 所示。继续拖曳鼠标涂抹，直到笔刷铺满图像窗口，显示出隐藏的图层，效果如图 4-33 所示。

2. 调整图片颜色

（1）选择"图像＞调整＞色相/饱和度"命令，在弹出的对话框中进行设置，如图 4-34 所示，单击"确定"按钮，效果如图 4-35 所示。

| 图 4-32 | 图 4-33 | 图 4-34 |

（2）将"画笔"图层拖曳到控制面板下方的"创建新图层"按钮上进行复制，生成新的图层"画笔 副本"。选择"图像＞调整＞去色"命令，去除图像颜色，效果如图 4-36 所示。

（3）在"图层"控制面板上方，将"画笔 副本"图层的"混合模式"选项设为"叠加"，效果如图 4-37 所示。

图 4-35

图 4-36

图 4-37

（4）选择"滤镜 > 风格化 > 浮雕效果"命令，在弹出的对话框中进行设置，如图 4-38 所示，单击"确定"按钮，效果如图 4-39 所示。

（5）将前景色设为米色（255、248、192）。选择"横排文字"工具 T，输入需要的文字，按 Crtl+T 组合键，弹出"字符"控制面板，选项的设置如图 4-40 所示，按 Enter 键，效果如图 4-41 所示，在"图层"控制面板中生成新的文字图层。油画效果制作完成。

图 4-38

图 4-39

图 4-40

图 4-41

4.2.2 "历史记录画笔"工具

"历史记录画笔"工具是与"历史记录"控制面板结合起来使用的，主要用于将图像的部分区域恢复到以前某一历史状态，以形成特殊的图像效果。打开一张图片，如图 4-42 所示，为图片添加滤镜效果，如图 4-43 所示，"历史记录"控制面板中的效果如图 4-44 所示。

图 4-42

图 4-43

图 4-44

选择"椭圆选框"工具 ○，在其属性栏中将"羽化"选项设为 50，在图像上绘制一个椭圆形选区，如图 4-45 所示。选择"历史记录画笔"工具，在"历史记录"控制面板中单击"打开"步骤左侧的方框，设置历史记录画笔的源，显示出图标 ，如图 4-46 所示。

图 4-45 　　　　　　　　　　　　　　　图 4-46

选择"历史记录画笔"工具 ，拖曳鼠标在选区中涂抹，如图 4-47 所示，取消选区后效果如图 4-48 所示。"历史记录"控制面板中的效果如图 4-49 所示。

图 4-47 　　　　　　　　　　图 4-48 　　　　　　　　　图 4-49

4.2.3 　"历史记录艺术画笔"工具

"历史记录艺术画笔"工具主要用于将图像的部分区域恢复到以前某一历史状态，以形成特殊的图像效果，使用此工具绘图时可以产生艺术效果。

"历史记录艺术画笔"工具和"历史记录画笔"工具的用法基本相同，区别在于使用"历史记录艺术画笔"工具绘图时可以产生艺术效果。选择"历史记录艺术画笔"工具 ，其属性栏状态如图 4-50 所示。

图 4-50

样式：用于选择一种艺术笔触。区域：用于设置画笔绘制时所覆盖的像素范围。容差：用于设置画笔绘制时的间隔时间。

原图效果如图 4-51 所示，用颜色填充图像，效果如图 4-52 所示，"历史记录"控制面板中的效果如图 4-53 所示。

图 4-51 　　　　　　　　　　图 4-52 　　　　　　　　　图 4-53

在"历史记录"控制面板中单击"打开"步骤左侧的方框，设置历史记录画笔的源，显示出图

标 ✐，如图 4-54 所示。选择"历史记录艺术画笔"工具 ，在属性栏中进行设置，如图 4-55 所示。

图 4-54

图 4-55

用"历史记录艺术画笔"工具 在图像上涂抹，效果如图 4-56 所示，"历史记录"控制面板中的效果如图 4-57 所示。

图 4-56

图 4-57

4.3　填充工具

"油漆桶"工具可以改变图像的色彩，"吸管"工具可以吸取需要的色彩，"渐变"工具可以创建多种颜色间的渐变效果。应用这些填充工具可以制作出多样的填充效果。

4.3.1　课堂案例——制作彩虹效果

案例学习目标

学习使用"渐变"工具制作彩虹图形。

案例知识要点

使用"渐变"工具制作彩虹，使用"橡皮擦"工具和"不透明度"选项制作渐隐效果，使用"混合模式"选项改变彩虹的颜色，效果如图 4-58 所示。

扫码观看
本案例视频

扫码观看
扩展案例

图 4-58

效果所在位置

云盘 /Ch04/ 效果 / 制作彩虹效果 .psd。

（1）按 Ctrl+O 组合键，打开云盘中的"Ch04 > 素材 > 制作彩虹效果 > 01"文件，如图 4-59 所示。新建图层并将其命名为"彩虹"。选择"渐变"工具，在属性栏中单击"渐变"图标右侧的按钮，在弹出的面板中选中"圆形彩虹"渐变，如图 4-60 所示。在图像窗口中由中心向下拖曳渐变色，效果如图 4-61 所示。

图 4-59   图 4-60   图 4-61

（2）按 Ctrl+T 组合键，图形周围出现变换框，适当调整控制手柄将图形变形，将鼠标光标置于控制手柄外侧，拖曳鼠标旋转其角度，按 Enter 键确认操作，效果如图 4-62 所示。选择"橡皮擦"工具，在属性栏中单击"画笔"选项右侧的按钮，弹出画笔选择面板，选择需要的画笔形状，设置如图 4-63 所示。在图像窗口中拖曳鼠标擦除不需要的图像，效果如图 4-64 所示。

图 4-62   图 4-63   图 4-64

（3）在"图层"控制面板上方，将"彩虹"图层的混合模式选项设为"滤色"，"不透明度"选项设为 60%，如图 4-65 所示，按 Enter 键确认操作，效果如图 4-66 所示。

（4）新建图层并将其命名为"画笔"。将前景色设为白色。按 Alt+Delete 组合键，用前景色填充图层。在"图层"控制面板上方，将"画笔"图层的混合模式选项设为"溶解"，"不透明度"选项设为 30%，如图 4-67 所示，按 Enter 键确认操作，效果如图 4-68 所示。

图 4-65   图 4-66   图 4-67

（5）单击"图层"控制面板下方的"添加图层蒙版"按钮 ，为图层添加蒙版。将前景色设为黑色。选择"画笔"工具 ，在属性栏中单击"画笔"选项右侧的按钮，在弹出的画笔选择面板中选择需要的画笔形状，设置如图 4-69 所示，在图像窗口中拖曳鼠标擦除不需要的图像，效果如图 4-70 所示。

图 4-68

图 4-69

图 4-70

（6）选择"横排文字"工具 ，在属性栏中选择合适的字体并设置大小，在图像窗口中输入需要的白色文字，如图 4-71 所示，在"图层"控制面板中生成新的文字图层。单击控制面板下方的"添加图层样式"按钮 ，在弹出的菜单中选择"投影"命令，在弹出的对话框中进行设置，如图 4-72 所示。

图 4-71

图 4-72

（7）选择"描边"选项，切换到相应的对话框，将"颜色"设为橘黄色（255、102、0），其他选项的设置如图 4-73 所示，单击"确定"按钮，效果如图 4-74 所示。彩虹制作完成。

图 4-73

图 4-74

4.3.2 "油漆桶"工具

"油漆桶"工具可以在图像或选区中，对指定色差范围内的色彩区域进行色彩或图案填充。

选择"油漆桶"工具 ，或反复按 Shift+G 组合键，其属性栏状态如图 4-75 所示。

图 4-75

前景 ：在其下拉列表中选择填充的是前景色或是图案。 ：用于选择定义好的图案。模式：用于选择着色的模式。不透明度：用于设定不透明度。容差：用于设定色差的范围，数值越小，容差越小，填充的区域也越小。消除锯齿：用于消除边缘锯齿。连续的：用于设定填充方式。所有图层：用于选择是否对所有可见层进行填充。

选择"油漆桶"工具，在其属性栏中对"容差"选项进行不同的设定，如图 4-76 和图 4-77 所示，用油漆桶工具在图像中填充颜色，不同的填充效果如图 4-78 和图 4-79 所示。

图 4-76

图 4-77

图 4-78　　　　　　　　　　图 4-79

在"油漆桶"工具的属性栏中设置图案，如图 4-80 所示，用"油漆桶"工具在图像中填充图案，效果如图 4-81 所示。

图 4-80　　　　　　　　　　　　　图 4-81

4.3.3　"吸管"工具

选择"吸管"工具 （按 I 键或反复按 Shift+I 组合键），属性栏中的设置如图 4-82 所示。

选择"吸管"工具 ，用鼠标在图像中需要的位置单击，当前的前景色将变为吸管吸取的颜色，在"信息"控制面板中将观察到吸取颜色的色彩信息，效果如图 4-83 所示。

图 4-82　　　　　　　　　　　　图 4-83

4.3.4 "渐变"工具

"渐变"工具用于在图像或图层中形成一种色彩渐变的图像效果。

选择"渐变"工具 ，或反复按 Shift+G 组合键，其属性栏状态如图 4-84 所示。

图 4-84

渐变包括线性渐变、径向渐变、角度渐变、对称渐变、菱形渐变 5 类。

图 4-85

：用于选择和编辑渐变的色彩。 ：用于选择各类型的渐变。模式：用于选择着色的模式。不透明度：用于设定不透明度。反向：用于反向产生色彩渐变的效果。仿色：用于使渐变更平滑。透明区域：用于产生不透明度。

如果要自定义渐变形式和色彩，可单击"点按可编辑渐变"按钮 ，在弹出的"渐变编辑器"对话框中进行设置，如图 4-85 所示。

在"渐变编辑器"对话框中单击颜色编辑框下方的适当位置，可以增加颜色色标，如图 4-86 所示。颜色可以进行调整，可以在对话框下方的"颜色"选项中选择颜色，或双击刚建立的颜色色标，弹出"拾色器（色标颜色）"对话框，如图 4-87 所示，在其中选择适合的颜色，单击"确定"按钮，颜色即可改变。颜色的位置也可以进行调整，在"位置"选项的数值框中输入数值或用鼠标直接拖曳颜色色标，都可以调整颜色的位置。

图 4-86

图 4-87

任意选择一个颜色色标，如图 4-88 所示，单击对话框下方的"删除"按钮 删除(D) ，或按 Delete 键，可以将颜色色标删除，如图 4-89 所示。

图 4-88

图 4-89

在对话框中单击颜色编辑框左上方的黑色色标，如图 4-90 所示，调整"不透明度"选项的数值，可以使开始的颜色到结束的颜色显示为半透明的效果，如图 4-91 所示。

图 4-90

图 4-91

在对话框中单击颜色编辑框的上方，出现新的色标，如图 4-92 所示，调整 "不透明度" 选项的数值，可以使新色标的颜色向两边的颜色出现过渡式的半透明效果，如图 4-93 所示。如果想删除新的色标，单击对话框下方的 "删除" 按钮 删除(D)，或按 Delete 键，即可将其删除。

图 4-92

图 4-93

4.4 填充与描边

应用 "填充" 命令和 "定义图案" 命令可以为图像添加颜色和定义好的图案效果，应用 "描边" 命令可以为图像描边。

4.4.1 课堂案例——制作新婚卡片

案例学习目标

应用 "定义图案" 命令制作卡片。

案例知识要点

使用 "自定形状" 工具绘制图形，使用 "定义图案" 命令定义图案，使用 "图案" 命令填充图案，效果如图 4-94 所示。

图 4-94

扫码观看
本案例视频

扫码观看
扩展案例

效果所在位置

云盘 /Ch04/ 效果 / 制作新婚卡片 .psd。

（1）按 Ctrl+O 组合键，打开云盘中的"Ch04 > 素材 > 制作新婚卡片 > 01"文件，如图 4-95 所示。

（2）新建图层生成"图层 1"。将前景色设为粉红色（255、228、242）。选择"自定形状"工具，单击属性栏中的"形状"选项，弹出形状选择面板，在面板中选中需要的图形，如图 4-96 所示。在属性栏中的"选择工具模式"选项中选择"像素"，按住 Shift 键的同时，在图像窗口中拖曳鼠标绘制图形，效果如图 4-97 所示。

（3）按住 Alt 键的同时，拖曳图像到适当的位置，复制图像。按 Ctrl+T 组合键，在图形周围出现变换框，将鼠标光标放在变换框的控制手柄外边，光标变为旋转图标，拖曳鼠标将图形旋转到适当的角度，并调整其大小及位置，按 Enter 键确认操作，效果如图 4-98 所示。用相同方法绘制另一个心形，效果如图 4-99 所示。

图 4-95　　　　　　　　　　图 4-96　　　　　　　　图 4-97　　　　　　　　图 4-98

（4）在"图层"控制面板中，选择"图层 1"图层，按住 Shift 键的同时，单击"图层 1 副本 2"图层，将两个图层之间的图层同时选取。按 Ctrl+E 组合键，合并图层并将其命名为"图案"，如图 4-100 所示。单击"背景"图层左侧的眼睛图标，将"背景"图层隐藏，如图 4-101 所示。

（5）选择"矩形选框"工具，在图像窗口中绘制矩形选区，如图 4-102 所示。选择"编辑 > 定义图案"命令，弹出"图案名称"对话框，设置如图 4-103 所示，单击"确定"按钮，完成图案的定义。在"图层"控制面板中将"图案"图层拖曳到下方的"删除图层"按钮上删除图层。按 Ctrl+D 组合键，取消选区。单击"背景"图层左侧的图标，显示出隐藏的图层。

图 4-99　　　　　　图 4-100　　　　　　　　图 4-101　　　　　　　　图 4-102

（6）单击"图层"控制面板下方的"创建新的填充或调整图层"按钮，在弹出的菜单中选择"图案"命令，弹出"图案填充"对话框，设置如图 4-104 所示，单击"确定"按钮，图像效果如图 4-105 所示。在"图层"控制面板中生成新图层"图案填充 1"，如图 4-106 所示。

图 4-103

图 4-104　　　　　　　　　　　图 4-105　　　　　　　　　　　图 4-106

（7）在"图层"控制面板中，单击"图案填充 1"图层中的"图层蒙版缩览图"，如图 4-107 所示，激活图层蒙版。将前景色设为黑色。选择"画笔"工具 ，在属性栏中单击"画笔"选项右侧的按钮 ，在弹出的画笔选择面板中选择需要的画笔形状，在图像窗口中拖曳鼠标擦除不需要的图像，效果如图 4-108 所示。

（8）按 Ctrl+O 组合键，打开云盘中的"Ch04 ＞ 素材 ＞ 制作新婚卡片"中的 02 和 03 文件，选择"移动"工具 ，分别将 02、03 文字拖曳到图像窗口的适当位置，效果如图 4-109 所示，在"图层"控制面板中分别生成新图层并将其命名为"装饰""文字"。新婚卡片制作完成。

图 4-107　　　　　　　　　　　图 4-108　　　　　　　　　　　图 4-109

4.4.2 "填充"命令

"填充"命令可以对选定的区域进行填色。

选择"编辑 ＞ 填充"命令，弹出"填充"对话框，如图 4-110 所示。

使用：用于选择填充方式，包括使用前景色、背景色、颜色、内容识别、图案、历史记录、黑色、50% 灰色、白色进行填充。模式：用于设置填充模式。不透明度：用于调整不透明度。

打开一张图像，在图像窗口中绘制出选区，如图 4-111 所示。选择"编辑 ＞ 填充"命令，弹出"填充"对话框，设置如图 4-112 所示。单击"确定"按钮，效果如图 4-113 所示。

图 4-110

图 4-111　　　　　　　　　　　图 4-112　　　　　　　　　　　图 4-113

4.4.3 "定义图案" 命令

"定义图案" 命令可以将选中的图像定义为图案，并用此图案进行填充。

在图像上绘制出要定义为图案的选区，如图 4-114 所示。隐藏除图案所在图层外的所有图层。选择 "编辑 > 定义图案" 命令，弹出 "图案名称" 对话框，如图 4-115 所示，单击 "确定" 按钮，图案定义完成。按 Ctrl+D 组合键，取消选区。

选择 "编辑 > 填充" 命令，弹出 "填充" 对话框，在 "自定图案" 下拉列表中选择新定义的图案，如图 4-116 所示，单击 "确定" 按钮，图案填充的效果如图 4-117 所示。

图 4-114

图 4-115

图 4-116

在 "填充" 对话框的 "模式" 选项中选择不同的填充模式，如图 4-118 所示，单击 "确定" 按钮，填充的效果如图 4-119 所示。

图 4-117

图 4-118

图 4-119

4.4.4 "描边" 命令

"描边" 命令可以将选定区域的边缘用前景色描绘出来。

选择 "编辑 > 描边" 命令，弹出 "描边" 对话框，如图 4-120 所示。

描边：用于设定边线的宽度和边线的颜色。位置：用于设定所描边线相对于区域边缘的位置，包括内部、居中和居外 3 个单选按钮。混合：用于设置描边模式和不透明度。

打开一幅图像，在图像窗口中绘制一个选区，如图 4-121 所示。选择 "编辑 > 描边" 命令，弹出 "描边" 对话框，如图 4-122 所示进行设定，单击 "确定" 按钮，按 Ctrl+D 组合键，取消选区，描边后的效果如图 4-123 所示。

图 4-120

图 4-121

图 4-122

如果在"描边"对话框中，将"模式"选项设置为"差值"，如图 4-124 所示，单击"确定"按钮，按 Ctrl+D 组合键，取消选区，描边的效果如图 4-125 所示。

图 4-123

图 4-124

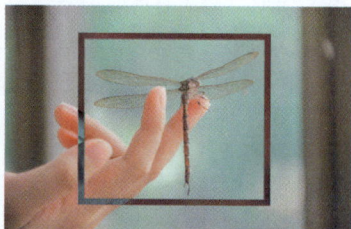
图 4-125

4.5　课堂练习——制作浮雕插画

练习知识要点

使用"历史记录艺术画笔"工具制作涂抹效果，使用"色相/饱和度"命令调整图片颜色，使用"去色"命令将图片去色，使用"浮雕效果"滤镜命令为图片添加浮雕效果，使用"横排文字"工具添加文字。

素材所在位置

云盘 /Ch04/ 素材 / 制作浮雕插画 /01。

效果所在位置

云盘 /Ch04/ 效果 / 制作浮雕插画 .psd，效果如图 4-126 所示。

图 4-126

扫码观看
本案例视频

4.6 **课后习题——制作电视机**

习题知识要点

　　使用"定义图案"命令和"不透明度"选项制作背景纹理，使用"圆角矩形"工具、"矩形"工具、"椭圆"工具和图层样式命令制作按钮图形，使用"椭圆"工具、"添加图层蒙版"按钮和"渐变"工具制作高光图形，使用"横排文字"工具和图层样式命令添加文字。

素材所在位置

　　云盘 /Ch04/ 素材 / 制作电视机 /01。

效果所在位置

　　云盘 /Ch04/ 效果 / 制作电视机 .psd，效果如图 4-127 所示。

图 4-127

扫码观看
本案例视频

05

第 5 章
修饰图像

本章介绍

本章将主要介绍 Photoshop CS6 修饰图像的方法与技巧。通过本章的学习，可以了解和掌握修饰图像的基本方法与操作技巧，应用相关工具快速地仿制图像、修复污点、消除红眼，把有缺陷的图像修复完整。

学习目标

- 掌握"修补"工具与"修复画笔"工具的运用方法。
- 掌握"图案图章"工具、"颜色替换"工具的使用技巧。
- 掌握"仿制图章"工具、"红眼"工具、"模糊"工具、"污点修复画笔"工具的使用技巧。
- 掌握"锐化"工具、"加深"工具、"减淡"工具的使用技巧。
- 掌握"海绵"工具、"涂抹"工具及不同擦除工具的使用技巧。

技能目标

- 掌握"风景插画"的修复方法和技巧。
- 掌握"人物照片"的修复方法和技巧。
- 掌握"装饰画"的制作方法。
- 掌握"祝福卡"的制作方法。

5.1 修图工具

修图工具用于对图像的细微部分进行修整，是处理图像时不可缺少的工具。

5.1.1 课堂案例——修复风景插画

案例学习目标

学习使用修图工具修复图像。

案例知识要点

使用"修复画笔"工具修复图像，效果如图 5-1 所示。

图 5-1

效果所在位置

云盘 /Ch05/ 效果 / 修复风景插画 .psd。

（1）按 Ctrl+O 组合键，打开云盘中的"Ch05 ＞ 素材 ＞ 修复风景插画 ＞ 01"文件，如图 5-2 所示。选择"缩放"工具 🔍，将图片放大到适当的大小。

（2）选择"修复画笔"工具 ✐，按住 Alt 键的同时，在需要的位置单击鼠标左键，选择取样点，如图 5-3 所示。在适当位置单击鼠标，取样点区域的图像应用到单击的位置，如图 5-4 所示。

图 5-2

图 5-3

图 5-4

（3）多次进行操作，修复出多个图案，效果如图 5-5 所示。用相同的方法将不需要的云彩修复，效果如图 5-6 所示。

（4）按 Ctrl+O 组合键，打开云盘中的"Ch05 ＞ 素材 ＞ 修复风景插画 ＞ 02"文件，选择"移动"工具 ▶✛，将 02 图片拖曳到图像窗口适当的位置，效果如图 5-7 所示，在"图层"控制面板中生成新图层并将其命名为"欢乐海洋"。风景插画制作完成。

图 5-5

图 5-6

图 5-7

5.1.2　"修补"工具

"修补"工具可以用图像中的其他区域来修补当前选中的需要修补的区域，也可以使用图案来修补区域。

选择"修补"工具，或反复按 Shift+J 组合键，其属性栏状态如图 5-8 所示。

图 5-8

新选区：去除旧选区，绘制新选区。添加到选区：在原有选区的上面再增加新的选区。从选区减去：在原有选区上减去新选区的部分。与选区交叉：选择新旧选区重叠的部分。

选择"修补"工具，在图像中绘制选区，如图 5-9 所示。选择属性栏中的"源"选项，在选区中单击并按住鼠标左键不放，移动鼠标将选区中的图像拖曳到需要的位置，如图 5-10 所示。释放鼠标左键，选区中的图像被新放置的选区位置的图像所修补，效果如图 5-11 所示。按 Ctrl+D 组合键，取消选区，修补的效果如图 5-12 所示。

图 5-9

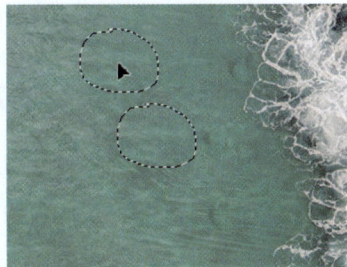

图 5-10

选择属性栏中的"目标"选项，用"修补"工具圈选图像中的区域，如图 5-13 所示，再将选区拖曳到要修补的图像区域，如图 5-14 所示，圈选区域中的图像修补了现在的图像，如图 5-15 所示。按 Ctrl+D 组合键，取消选区，修补效果如图 5-16 所示。

图 5-11

图 5-12

图 5-13

图 5-14　　　　　　　　　　　图 5-15　　　　　　　　　　　图 5-16

5.1.3　"修复画笔"工具

选择"修复画笔"工具 ，或反复按 Shift+J 组合键，属性栏状态如图 5-17 所示。

图 5-17

模式：在其弹出菜单中可以选择复制像素或填充图案与底图的混合模式。源：选择"取样"选项后，按住 Alt 键，鼠标光标变为圆形十字图标，单击定下样本的取样点，释放鼠标，在图像中要修复的位置单击并按住鼠标左键不放，拖曳鼠标复制出取样点的图像；选择"图案"单选按钮后，在"图案"下拉列表中选择图案或自定义图案来填充图像。对齐：勾选此复选框，下一次的复制位置会和上次的完全重合，图像不会因为重新复制而出现错位。

设置修复画笔：可以选择修复画笔的大小。单击"画笔"选项右侧的按钮 ，在弹出的画笔选择面板中，可以设置画笔的直径、硬度、间距、角度、圆度和压力大小，如图 5-18 所示。

使用"修复画笔"工具："修复画笔"工具可以将取样点的像素信息非常自然地复制到图像的破损位置，并保持图像的亮度、饱和度、纹理等属性。使用"修复画笔"工具修复照片的过程如图 5-19、图 5-20 和图 5-21 所示。

图 5-18

图 5-19　　　　　　　　　　　图 5-20　　　　　　　　　　　图 5-21

5.1.4　"图案图章"工具

"图案图章"工具可以以预先定义的图案为复制对象进行复制。选择"图案图章"工具 ，或反复按 Shift+S 组合键，其属性栏状态如图 5-22 所示。

图 5-22

在要定义为图案的图像上绘制矩形选区，如图 5-23 所示。选择"编辑 > 定义图案"命令，弹出"图案名称"对话框，如图 5-24 所示，单击"确定"按钮，定义选区中的图像为图案。

图 5-23

图 5-24

在图案图章工具属性栏中选择定义好的图案，如图 5-25 所示，按 Ctrl+D 组合键，取消图像中的选区。选择"图案图章"工具 ，在合适的位置单击并按住鼠标左键不放，拖曳鼠标复制出定义好的图案，效果如图 5-26 所示。

图 5-25

图 5-26

> **提示**
>
> 在图像上绘制选区定义图案时，只能通过绘制矩形选区来定义图像。

5.1.5 "颜色替换"工具

"颜色替换"工具能够简化图像中特定颜色替换的操作，可以使用校正颜色在目标颜色上绘画。"颜色替换"工具不适用于"位图""索引"或"多通道"颜色模式的图像。

选择"颜色替换"工具 ，其属性栏状态如图 5-27 所示。

图 5-27

原始图像的效果如图 5-28 所示，调出"颜色"控制面板和"色板"控制面板，在"颜色"控制面板中设置前景色，如图 5-29 所示，在"色板"控制面板中单击"创建前景色的新色板"按钮 ，将设置的前景色存放在控制面板中，如图 5-30 所示。

图 5-28

图 5-29

图 5-30

选择"颜色替换"工具 ，在属性栏中进行设置，如图 5-31 所示，在图像上需要上色的区域直接涂抹，进行上色，效果如图 5-32 所示。

图 5-31

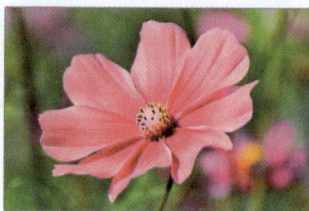

图 5-32

5.1.6　课堂案例——修复人物照片

案例学习目标

学习利用修图工具修复人物照片。

案例知识要点

使用缩放命令调整图像大小，使用仿制图章工具修复人物图像上的碎发和嘴巴，使用模糊工具模糊图像，效果如图 5-33 所示。

图 5-33

扫码观看
本案例视频

扫码观看
扩展案例

效果所在位置

云盘 /Ch05/ 效果 / 修复人物照片 .psd。

（1）按 Ctrl+O 组合键，打开云盘中的"Ch05 ＞ 素材 ＞ 修复人物照片 ＞ 01"文件，如图 5-34 所示。将"背景"图层拖曳到"图层"控制面板下方的"创建新图层"按钮 上进行复制，生成新的图层"背景 副本"，如图 5-35 所示。

图 5-34

图 5-35

（2）选择"缩放"工具 ，将图像的局部放大，如图 5-36 所示。选择"仿制图章"工具 ，在属性栏中单击"画笔"选项右侧的按钮，在弹出的画笔选择面板中选择需要的画笔形状，选项的设置如图 5-37 所示。

（3）将鼠标指针放置到适当的位置，按住 Alt 键的同时，鼠标指针变为圆形十字 图标，如图 5-38 所示。单击鼠标左键，定下取样点，松开鼠标左键。在图像窗口中需要修复的位置单击鼠标左键，清除图像中多余碎发，效果如图 5-39 所示。使用相同的方法清除背景中的其他碎发，效果如图 5-40 所示。

图 5-36　　　　图 5-37　　　　图 5-38　　　　图 5-39　　　　图 5-40

（4）移动图像到右侧耳朵的位置，如图 5-41 所示。将鼠标指针放置到适当的位置，按住 Alt 键的同时，鼠标指针变为圆形十字 图标，如图 5-42 所示。单击鼠标左键，定下取样点，松开鼠标左键。在图像窗口中需要的位置单击鼠标左键，清除耳朵上多余的碎发，效果如图 5-43 所示。

图 5-41　　　　图 5-42　　　　图 5-43　　　　图 5-44　　　　图 5-45

（5）用相同的方法清除耳朵上的其他碎发，效果如图 5-44 所示。再移动图像到嘴巴的位置，用相同的方法清除图像中多余的口红，效果如图 5-45 所示。选择"模糊"工具 ，在属性栏中将"强度"选项设为 100%，如图 5-46 所示。

图 5-46

（6）单击"画笔"选项右侧的按钮，弹出画笔选择面板，在面板中选择需要的画笔形状，将"大小"选项设为 200 像素，如图 5-47 所示。在人物的嘴巴上涂抹使图像变得自然柔和，效果如图 5-48 所示。人物照片修复完成，效果如图 5-49 所示。

图 5-47　　　　　图 5-48　　　　　图 5-49

5.1.7 "仿制图章"工具

"仿制图章"工具可以以指定的像素点为复制基准点，将其周围的图像复制到其他地方。

选择"仿制图章"工具，或反复按 Shift+S 组合键，其属性栏状态如图 5-50 所示。

图 5-50

画笔：用于选择画笔。模式：用于选择混合模式。不透明度：用于设定不透明度。流量：用于设定扩散的速度。对齐：用于控制是否在复制时使用对齐功能。

选择"仿制图章"工具，将"仿制图章"工具放在图像中需要复制的位置，按住 Alt 键，鼠标光标变为圆形十字图标，单击定下取样点，释放鼠标，在合适的位置单击，可仿制出取样点的图像，用相同的方法可多次仿制，原图像与修改后的图像效果如图 5-51 和图 5-52 所示。

图 5-51　　　　　　　　　　　图 5-52

5.1.8 "红眼"工具

"红眼"工具可去除用闪光灯拍摄的人物照片中的红眼，也可以去除用闪光灯拍摄的照片中的白色或绿色反光。

选择"红眼"工具，或反复按 Shift+J 组合键，其属性栏状态如图 5-53 所示。

瞳孔大小：用于设置瞳孔的大小。变暗量：用于设置瞳孔的变暗程度。

5.1.9 "模糊"工具

"模糊"工具可以使图像的色彩变模糊。

图 5-53

选择"模糊"工具，其属性栏状态如图 5-54 所示。

画笔：用于选择画笔的形状。模式：用于设定模式。强度：用于设定压力的大小。对所有图层取样：用于确定模糊工具是否对所有可见层起作用。

选择"模糊"工具，在属性栏中进行设定，如图 5-55 所示，在图像中单击并按住鼠标左键不放，拖曳鼠标使图像产生模糊的效果。原图像和模糊后的图像效果如图 5-56 和图 5-57 所示。

图 5-54　　　　　　　　　　　图 5-55

图 5-56　　　　　　　　　　　图 5-57

5.1.10 "污点修复画笔"工具

"污点修复画笔"工具工作方式与修复画笔工具相似,使用图像中的样本像素进行绘画,并将样本像素的纹理、光照、透明度和阴影与所修复的像素相匹配。"污点修复画笔"工具不需要制定样本点,将自动从所修复区域的周围取样。

选择"污点修复画笔"工具 ,或反复按 Shift+J 组合键,其属性栏状态如图 5-58 所示。

图 5-58

原始图像如图 5-59 所示,选择"污点修复画笔"工具 ,在"污点修复画笔"工具属性栏中进行设定,如图 5-60 所示,在要修复的污点图像上拖曳鼠标,如图 5-61 所示,释放鼠标,污点被去除,效果如图 5-62 所示。

图 5-60

图 5-59

图 5-61

图 5-62

5.2 修饰工具

修饰工具用于对图像进行修饰,使图像产生不同的变化效果。

5.2.1 课堂案例——制作装饰画

案例学习目标

使用多种修饰工具调整图像颜色。

案例知识要点

使用"加深"工具、"减淡"工具、"锐化"工具和"模糊"工具修饰图像,效果如图 5-63 所示。

图 5-63

扫码观看
本案例视频

扫码观看
扩展案例

◉ 效果所在位置

云盘 /Ch05/ 效果 / 制作装饰画 .psd。

（1）按 Ctrl+O 组合键，打开云盘中的"Ch05 > 素材 > 制作装饰画"中的 01 和 02 文件，如图 5-64 和图 5-65 所示。选择"移动"工具 ，将 02 图片拖曳到 01 图像窗口中适当的位置并调整其大小，如图 5-66 所示，在"图层"控制面板中生成新的图层并将其命名为"荷花"。

图 5-64

图 5-65

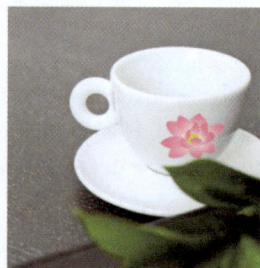

图 5-66

（2）选择"加深"工具 ，在属性栏中单击"画笔"选项右侧的按钮 ，弹出画笔选择面板，在面板中选择需要的画笔形状，设置如图 5-67 所示。在荷花图像中适当的位置拖曳鼠标，加深图像，效果如图 5-68 所示。用相同的方法加深图像的其他部分，效果如图 5-69 所示。

图 5-67

图 5-68

图 5-69

（3）选择"减淡"工具 ，在属性栏中单击"画笔"选项右侧的按钮 ，弹出画笔选择面板，在面板中选择需要的画笔形状，设置如图 5-70 所示。在荷花图像中适当的位置拖曳鼠标，减淡图像，效果如图 5-71 所示。用相同的方法减淡图像的其他部分，效果如图 5-72 所示。

图 5-70

图 5-71

图 5-72

（4）选择"锐化"工具 ，在属性栏中单击"画笔"选项右侧的按钮 ，弹出画笔选择面板，在面板中选择需要的画笔形状，设置如图 5-73 所示。在荷花图像中适当的位置拖曳鼠标，锐化图像，效果如图 5-74 所示。

（5）按 Ctrl+O 组合键，打开云盘中的"Ch05 > 素材 > 制作装饰画"中的 03 和 04 文件，选择"移动"工具 ，将 03、04 图片分别拖曳到图像窗口中的适当位置，效果如图 5-75 所示，在"图层"控制面板中生成新的图层并分别将其命名为"花瓣 1"和"花瓣 2"。

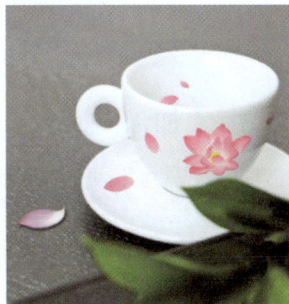

| 图 5-73 | 图 5-74 | 图 5-75 |

（6）选择"移动"工具 ，按住 Alt 键的同时，拖曳图像到适当的位置，复制图像。按 Ctrl+T 组合键，在图像周围出现变换框，单击鼠标右键，在弹出的快捷菜单中选择"水平翻转"命令，水平翻转图像，并调整其大小及位置，按 Enter 键确认操作，效果如图 5-76 所示。

（7）选择"模糊"工具 ，在属性栏中单击"画笔"选项右侧的按钮 ，弹出画笔选择面板，在面板中选择需要的画笔形状，设置如图 5-77 所示。在花瓣图像中适当的位置拖曳鼠标，模糊花瓣图像，效果如图 5-78 所示。装饰画制作完成，效果如图 5-79 所示。

| 图 5-76 | 图 5-77 | 图 5-78 | 图 5-79 |

5.2.2 "锐化"工具

"锐化"工具可以使图像的色彩感变强烈。

选择"锐化"工具 ，其属性栏状态如图 5-80 所示。其属性栏中的内容与"模糊"工具属性栏的选项内容类似。

图 5-80

选择"锐化"工具 ，在属性栏中进行设定，如图 5-81 所示，在图像中单击并按住鼠标左键不放，拖曳鼠标使图像产生锐化的效果。原图像和锐化后的图像效果如图 5-82 和图 5-83 所示。

图 5-81

图 5-82　　　　　　　　　　　图 5-83

5.2.3　"加深"工具

"加深"工具可以使图像的区域变暗。

选择"加深"工具 ，或反复按 Shift+O 组合键，其属性栏状态如图 5-84 所示。其属性栏中的选项与"减淡"工具属性栏选项的作用正好相反。

选择"加深"工具 ，在属性栏中进行设定，如图 5-85 所示，在图像中单击并按住鼠标左键不放，拖曳鼠标使图像产生加深的效果。原图像和加深后的图像效果如图 5-86 和图 5-87 所示。

图 5-84　　　　　　　　　　　　　　　　　图 5-85

图 5-86　　　　　　　　　　　图 5-87

5.2.4　"减淡"工具

"减淡"工具可以使图像的亮度提高。

选择"减淡"工具 ，或反复按 Shift+O 组合键，其属性栏状态如图 5-88 所示。

画笔 ：用于选择画笔的形状。范围：用于设定图像中所要提高亮度的区域。曝光度：用于设定曝光的强度。

选择"减淡"工具 ，在减淡工具属性栏中进行设定，如图 5-89 所示，在图像中单击并按住鼠标左键不放，拖曳鼠标使图像产生减淡的效果。原图像和减淡后的图像效果如图 5-90 和图 5-91 所示。

图 5-88　　　　　　　　　　　　　　　　　图 5-89

图 5-90　　　　　　　　　　　图 5-91

5.2.5 "海绵"工具

选择"海绵"工具 ⬤ ，或反复按 Shift+O 组合键，其属性栏状态如图 5-92 所示。

画笔 ⊹ ：用于选择画笔的形状。模式：用于设定饱和度处理方式。流量：用于设定扩散的速度。

选择"海绵"工具 ⬤ ，在属性栏中进行设定，如图 5-93 所示，在图像中单击并按住鼠标左键不放，拖曳鼠标使图像增加色彩饱和度。原图像和使用"海绵"工具后的图像效果如图 5-94 和图 5-95 所示。

图 5-92

图 5-93

图 5-94

图 5-95

5.2.6 "涂抹"工具

选择"涂抹"工具 👆 ，其属性栏状态如图 5-96 所示。其属性栏中的内容与"模糊"工具属性栏的选项内容类似，增加的"手指绘画"复选框，用于设定是否按前景色进行涂抹。

选择"涂抹"工具 👆 ，在属性栏中进行设定，如图 5-97 所示，在图像中狗的身体边缘单击并按住鼠标左键不放，拖曳鼠标使边缘产生涂抹效果。原图像和涂抹后的图像效果如图 5-98 和图 5-99 所示。

图 5-96

图 5-97

图 5-98

图 5-99

5.3 擦除工具

擦除工具包括"橡皮擦"工具、"背景橡皮擦"工具和"魔术橡皮擦"工具。应用擦除工具可以擦除指定图像的颜色，还可以擦除颜色相近区域中的图像。

5.3.1 课堂案例——制作祝福卡

案例学习目标

学习使用绘图工具绘制图形，使用擦除工具擦除多余的图像。

案例知识要点

使用"直线"工具绘制线条，使用"横排文字"工具添加文字，使用"橡皮擦"工具擦除不需要的图像，使用"直线"工具绘制装饰线条，使用"自定形状"工具制作装饰图形，效果如图 5-100 所示。

扫码观看
本案例视频

扫码观看
扩展案例

图 5-100

效果所在位置

云盘 /Ch05/ 效果 / 制作祝福卡 .psd。

（1）按 Ctrl+O 组合键，打开云盘中的"Ch05 > 素材 > 制作祝福卡 > 01"文件，如图 5-101 所示。

（2）将前景色设为白色。选择"横排文字"工具 T.，在图像窗口中鼠标光标变为 ﹅ 图标，单击鼠标，此时出现一个文字的插入点，输入需要的文字，并分别选取文字，在属性栏中选择合适的字体并设置大小，文字效果如图 5-102 所示，在"图层"控制面板中生成新的文字图层，如图 5-103 所示。

（3）选择"温馨祝福"文字图层，单击鼠标右键，在弹出的菜单中选择"栅格化文字"命令。选择"橡皮擦"工具 ✐.，在属性栏中单击"画笔"选项右侧的按钮 ·，在弹出的画笔选择面板中选择需要的画笔形状，将"大小"选项设为 45px。在文字上拖曳鼠标，擦除不需要的图像，效果如图 5-104 所示。

（4）新建图层并将其命名为"线条"。选择"直线"工具 ╱.，在属性栏中将"粗细"选项设为 23px，在属性栏中的"选择工具模式"选项中选择"像素"，在图像窗口中适当的位置绘制直线，如图 5-105 所示。选择"移动"工具 ▶◄，按住 Alt 键的同时分别拖曳直线到适当的位置，复制图像，效果如图 5-106 所示，在"图层"控制面板中生成新的副本图层。

（5）按住 Shift 键的同时，选择"线条"图层，将两个图层之间的图层同时选取。按 Ctrl+E 组合键，合并图层并将其命名为"线条"。选择"直线"工具 ╱.，适当调整属性栏中的"粗细"选项，在图像窗口中绘制线条，效果如图 5-107 所示。

图 5-101

图 5-102

图 5-103

图 5-104

图 5-105

图 5-106

图 5-107

（6）新建图层并将其命名为"心形"。选择"自定形状"工具，单击属性栏中的"形状"选项，弹出形状选择面板，在面板中选中需要的图形，如图 5-108 所示。在属性栏中的"选择工具模式"选项中选择"路径"，按住 Shift 键的同时，在图像窗口中拖曳鼠标绘制图形，效果如图 5-109 所示。

（7）按 Ctrl+Enter 组合键，将路径转换为选区。选择"编辑 > 描边"命令，在弹出的对话框中进行设置，如图 5-110 所示，单击"确定"按钮，按 Ctrl+D 组合键，取消选区，效果如图 5-111 所示。

图 5-108

图 5-109

图 5-110

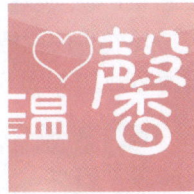
图 5-111

（8）按 Ctrl+T 组合键，在图形周围出现变换框，将光标放置在变换框的外边，当光标变为旋转图标，拖曳鼠标将图形旋转到适当的角度，按 Enter 键确定操作，效果如图 5-112 所示。

（9）选择"移动"工具，按住 Alt 键的同时，拖曳图像到适当的位置，复制图像，调整图像大小并将其旋转到适当的角度，效果如图 5-113 所示。

（10）新建图层并将其命名为"心形 1"。选择"自定形状"工具，在属性栏中的"选择工具模式"选项中选择"像素"，按住 Shift 键的同时，在图像窗口中拖曳鼠标绘制图形，按 Ctrl+T 组合键，将图像旋转到适当的角度，效果如图 5-114 所示。

图 5-112

图 5-113

（11）选择"移动"工具 ，按住 Alt 键的同时，拖曳图像到适当的位置，复制图像，并调整其大小，效果如图 5-115 所示。

（12）选择"横排文字"工具 ，在属性栏中选择合适的字体并设置大小，在图像窗口中输入需要的文字，如图 5-116 所示，在"图层"控制面板中生成新的文字图层。

图 5-114　　　　　　　　　　图 5-115　　　　　　　　　　图 5-116

（13）将"心形 1 副本"图层拖曳到"图层"控制面板下方的"创建新图层"按钮 上进行复制，生成新的副本图层。选择"移动"工具 ，拖曳复制的图像到适当的位置，并将其旋转到适当的角度，效果如图 5-117 所示。

（14）选择"横排文字"工具 ，在属性栏中选择合适的字体并设置大小，输入需要的文字，如图 5-118 所示，在"图层"控制面板中生成新的文字图层。选取需要的文字，按住 Alt 键的同时，拖曳文字到适当的位置，复制文字，效果如图 5-119 所示。

图 5-117　　　　　　　　　　图 5-118　　　　　　　　　　图 5-119

（15）在"图层"控制面板上方将复制的文字图层的"填充"选项设为 50%，如图 5-120 所示，按 Enter 键，图像效果如图 5-121 所示。

（16）使用相同的方法复制文字，在"图层"控制面板上方将复制的文字图层的"填充"选项设为 25%，如图 5-122 所示，图像窗口中的效果如图 5-123 所示。

图 5-120　　　　　　　　　　图 5-121　　　　　　　　　　图 5-122

（17）将前景色设为紫色（162、26、86）。选择"横排文字"工具 ，在适当的位置分别输入需要的文字，选取文字，在属性栏中选择合适的字体并设置大小，如图 5-124 所示，在"图层"控制面板中分别生成新的文字图层。

（18）选中"GIVE YOU……"文字图层，单击"图层"控制面板下方的"添加图层样式"按钮 ，在弹出的菜单中选择"渐变叠加"命令，弹出"图层样式"对话框，单击渐变选项右侧

的"点按可编辑渐变"按钮 ▨▨▨▨▨，弹出"渐变编辑器"对话框，在"位置"选项中分别输入
46、50、77 三个位置点，分别设置三个位置点颜色的 RGB 值为 46（143、15、69），50（214、
86、132），77（143、15、69），如图 5-125 所示，单击"确定"按钮，返回到"图层样式"对
话框，其他选项的设置如图 5-126 所示，单击"确定"按钮，效果如图 5-127 所示。祝福卡制作完
成，如图 5-128 所示。

图 5-123

图 5-124

图 5-125

图 5-126

图 5-127

图 5-128

5.3.2 "橡皮擦"工具

"橡皮擦"工具可以用背景色擦除背景图像或用透明色擦除图层中的图像。

选择"橡皮擦"工具 ▨，或反复按 Shift+E 组合键，其属性栏状态如图 5-129 所示。

图 5-129

画笔 ▨▨：用于选择橡皮擦的形状和大小。模式：用于选择擦除的笔触方式。不透明度：用于设
定不透明度。流量：用于设定扩散的速度。抹到历史记录：用于确定以"历史"控制面板中确定的
图像状态来擦除图像。

选择"橡皮擦"工具 ▨，在图像中单击并按住鼠标左键拖曳，可以擦除图像。用白色背景色擦
除图像后效果如图 5-130 所示。用透明色擦除图像后效果如图 5-131 所示。

图 5-130

图 5-131

5.3.3 "背景橡皮擦"工具

"背景橡皮擦"工具可以用来擦除指定的颜色，指定的颜色显示为背景色。选择"背景橡皮擦"工具 ，或反复按 Shift+E 组合键，其属性栏状态如图 5-132 所示。

画笔 ：用于选择橡皮擦的形状和大小。限制：用于选择擦除界限。容差：用于设定容差值。保护前景色：用于保护前景色不被擦除。

选择"背景橡皮擦"工具 ，在属性栏中进行设定，如图 5-133 所示，在图像中使用"背景橡皮擦"工具擦除图像，擦除前后的对比效果如图 5-134 和图 5-135 所示。

图 5-132

图 5-133

图 5-134

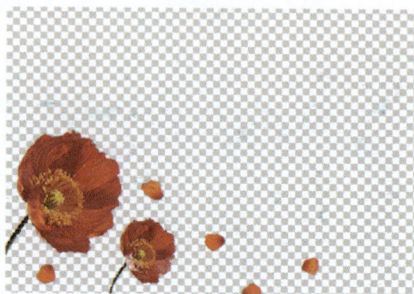

图 5-135

5.3.4 "魔术橡皮擦"工具

使用"魔术橡皮擦"工具可以自动擦除颜色相近区域中的图像。选择"魔术橡皮擦"工具 ，或反复按 Shift+E 组合键，其属性栏状态如图 5-136 所示。

容差：用于设定容差值，容差值的大小决定"魔术橡皮擦"工具擦除图像的面积。消除锯齿：用于消除锯齿。连续：作用于当前层。对所有图层取样：作用于所有层。不透明度：用于设定不透明度。

图 5-136

选择"魔术橡皮擦"工具 ，其属性栏中的选项为默认值，用"魔术橡皮擦"工具擦除图像，效果如图 5-137 所示。

图 5-137

5.4 课堂练习——修复模糊图像

🔗 练习知识要点

使用锐化工具对桌子图片进行修复。

素材所在位置

云盘 /Ch05/ 素材 / 修复模糊图像 /01。

效果所在位置

云盘 /Ch05/ 效果 / 修复模糊图像 .psd，效果如图 5-138 所示。

扫码观看
本案例视频

图 5-138

5.5 课后习题——修复图片瑕疵

习题知识要点

使用仿制图章工具对化妆品图片进行修复。

素材所在位置

云盘 /Ch05/ 素材 / 修复图片瑕疵 /01。

效果所在位置

云盘 /Ch05/ 效果 / 修复图片瑕疵 .psd，效果如图 5-139 所示。

扫码观看
本案例视频

图 5-139

06

第6章

编辑图像

本章介绍

本章将主要介绍 Photoshop CS6 编辑图像的基础方法，包括应用图像编辑工具、调整图像的尺寸、移动或复制选区中的图像、裁剪图像、旋转图像等。通过本章的学习，可以了解并掌握图像的编辑方法和应用技巧，快速地应用相关命令对图像进行适当的编辑与调整。

学习目标

- 掌握"注释"工具的使用方法。
- 掌握"标尺"工具的使用方法。
- 掌握"抓手"工具的使用方法。
- 掌握选区中图像的移动、复制、删除、变换的方法。
- 掌握图像的裁切和旋转的方法。

技能目标

- 掌握"展示油画"的制作方法。
- 掌握"科技效果图"的制作方法。
- 掌握"邀请函效果图"的制作方法。

6.1 图像编辑工具

使用图像编辑工具对图像进行编辑和整理，可以提高编辑和处理图像的效率。

6.1.1 课堂案例——制作展示油画

案例学习目标

学习使用图像编辑工具对图像进行裁剪和注释。

案例知识要点

使用"标尺"工具和"裁剪"工具制作风景照片，使用"注释"工具为图像添加注释，效果如图 6-1 所示。

扫码观看
本案例视频

扫码观看
扩展案例

图 6-1

效果所在位置

云盘 /Ch06/ 效果 / 制作展示油画 .psd。

（1）按 Ctrl+O 组合键，打开云盘中的"Ch06 > 素材 > 制作展示油画 > 02"文件，如图 6-2 所示。选择"标尺"工具 ，在图像窗口的左侧单击鼠标确定测量的起点，向右拖曳鼠标绘制测量的线段，再次单击鼠标，确定测量的终点，如图 6-3 所示。

（2）单击属性栏中的 拉直图层 按钮，拉直图像，如图 6-4 所示。选择"裁剪"工具 ，在图像窗口中拖曳鼠标，绘制矩形裁切框，按 Enter 键确认操作，效果如图 6-5 所示。

图 6-2

图 6-3

图 6-4

（3）按 Ctrl+O 组合键，打开云盘中的"Ch06 > 素材 > 制作展示油画 > 01"文件，如图

6-6 所示。选择"矩形"工具 ▣，在属性栏中的"选择工具模式"选项中选择"形状"，在图像窗口中绘制矩形，如图 6-7 所示。

图6-5

图6-6

图6-7

（4）选择"移动"工具 ▸₊，将 02 图像拖曳到 01 图像窗口中，并调整其大小和位置，效果如图 6-8 所示，在"图层"控制面板中生成新的图层并将其命名为"画"。按 Alt+Ctrl+G 组合键，创建剪贴蒙版，效果如图 6-9 所示。

（5）选择"横排文字"工具 T，在属性栏中选择合适的字体并设置大小，输入需要的文字，效果如图 6-10 所示，在"图层"控制面板中生成新的文字图层。

图6-8

图6-9

图6-10

（6）按 Ctrl+T 组合键，文字周围出现变换框，将鼠标光标放在变换框控制手柄的附近，光标变为旋转图标 ↻，拖曳鼠标将文字旋转到适当的角度，按 Enter 键确认操作，效果如图 6-11 所示。

（7）选择"注释"工具 ▤，在图像窗口中单击鼠标，弹出"注释"控制面板，在控制面板中输入文字，如图 6-12 所示。展示油画制作完成，效果如图 6-13 所示。

图6-11

图6-12

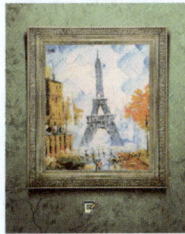
图6-13

6.1.2 "注释"工具

"注释"工具可以为图像增加文字注释。

选择"注释"工具 ▤，或反复按 Shift+I 组合键，其属性栏状态如图 6-14 所示。

图 6-14

作者：用于输入作者姓名。颜色：用于设置注释窗口的颜色。清除全部：用于清除所有注释。
显示或隐藏注释面板▣：用于打开注释面板，编辑注释文字。

6.1.3 "标尺"工具

"标尺"工具可以在图像中测量任意两点之间的距离，并可以用来测量角度。选择"标尺"工具，或反复按 Shift+I 组合键，其属性栏状态如图 6-15 所示。

图 6-15

6.1.4 "抓手"工具

选择"抓手"工具，在图像中鼠标光标变为抓手，在放大的图像中拖曳鼠标，可以观察图像的每个部分，效果如图 6-16 所示。直接用鼠标拖曳图像周围的垂直和水平滚动条，也可观察图像的每个部分，效果如图 6-17 所示。

图 6-16   图 6-17

> **提示**
>
> 如果正在使用其他的工具进行工作，按住 Spacebar 键，可以暂时切换到"抓手"
> 工具。

6.2 编辑选区中的图像

在 Photoshop CS6 中，可以非常便捷地移动、复制和删除选区中的图像。

6.2.1 课堂案例——制作科技效果图

案例学习目标

学习使用"移动"工具移动复制图像。

案例知识要点

使用"移动"工具制作装饰图形，使用"橡皮擦"工具擦除不需要的图像，如图 6-18 所示。

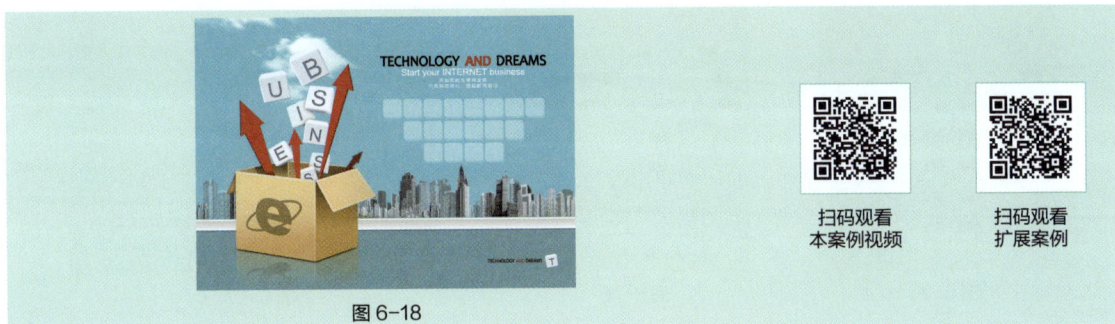

扫描观看
本案例视频

扫码观看
扩展案例

图 6-18

⊙ 效果所在位置

云盘 /Ch06/ 效果 / 制作科技效果图 .psd。

（1）按 Ctrl+O 组合键，打开云盘中的"Ch06 > 素材 > 制作科技效果图 > 01"文件，如图 6-19 所示。

（2）新建图层生成"图层 1"。将前景色设为白色。选择"圆角矩形"工具 ，在属性栏中的"选择工具模式"选项中选择"像素"，将"半径"选项设为 20px，在图像窗口中绘制圆角矩形，如图 6-20 所示。

（3）按 Ctrl+Alt+T 组合键，在图形周围出现变换框，水平向右拖曳图像到适当的位置，按 Enter 键，复制矩形，效果如图 6-21 所示。再按 6 次 Ctrl+Alt+Shift+T 组合键，复制 6 个图形，效果如图 6-22 所示。

图 6-19

图 6-20

图 6-21

（4）选中"图层 1 副本"图层，按住 Shift 键的同时，单击"图层 1 副本 6"图层，将两个图层间的所有图层同时选取。选择"移动"工具 ，按住 Alt 键的同时，在图像窗口中垂直向下拖曳鼠标复制图形，效果如图 6-23 所示。用相同的方法选中"图层 副本 2"到"图层 副本 5"之间的所有图层，复制图形，效果如图 6-24 所示。

（5）选中"图层 1"图层，按住 Shift 键的同时，单击"图层 1 副本 7"图层，将两个图层间的所有图层同时选取，如图 6-25 所示。按 Ctrl+E 组合键，合并图层并将其命名为"色块"。在"图层"控制面板上方，将"色块"图层的"不透明度"选项设为 47%，如图 6-26 所示，图像效果如图 6-27 所示。

图 6-22

图 6-23

图 6-24

图 6-25

图 6-26

图 6-27

（6）单击"图层"控制面板下方的"添加图层样式"按钮 *fx.*，在弹出的菜单中选择"投影"命令，设置对话框，设置阴影颜色为白色，其他选项的设置如图 6-28 所示，单击"确定"按钮，效果如图 6-29 所示。

图 6-28

图 6-29

（7）按 Ctrl+O 组合键，打开云盘中的"Ch06 > 素材 > 制作科技效果图"中的 02 和 03 文件，选择"移动"工具 ，分别将图片拖曳到图像窗口中适当的位置，如图 6-30 所示，在"图层"控制面板中分别生成新的图层并将其命名为"楼""盒子"。

（8）将前景色设为黑色。选择"横排文字"工具 T.，在图像窗口中适当的位置分别输入需要的文字并选取文字，在属性栏中选择合适的字体并设置大小，效果如图 6-31 所示，在"图层"控制面板中分别生成新的文字图层。

（9）选择"横排文字"工具 T.，选取"Technology……"文字图层，选择"窗口 > 字符"命令，弹出"字符"控制面板，选项的设置如图 6-32 所示，效果如图 6-33 所示。

图 6-30

图 6-31

图 6-32

（10）选择"横排文字"工具 $\boxed{T}$，分别选取需要的文字，设置文字填充色为白色和红色（207、54、40），文字效果如图 6-34 所示。科技效果图制作完成，效果如图 6-35 所示。

图 6-33

图 6-34

图 6-35

6.2.2　选区中图像的移动

可以应用"移动"工具将图层中的整幅图像或选定区域中的图像移动到指定位置。

绘制选区后的图像如图 6-36 所示。选择"移动"工具 $\boxed{+}$，将光标置于选区中，光标变为 图标，拖曳鼠标移动选区中的图像，效果如图 6-37 所示。

图 6-36

图 6-37

6.2.3　选区中图像的复制

可以应用菜单命令或快捷键将需要的图像复制出一个或多个。

在复制图像前，要选择将复制的图像区域，如果不选择图像区域，将不能复制图像。

使用移动工具复制图像：绘制选区后的图像如图 6-38 所示。选择"移动"工具 $\boxed{+}$，将鼠标放在选区中，鼠标光标变为 图标，如

图 6-38

图 6-39 所示，按住 Alt 键，鼠标光标变为 图标，如图 6-40 所示，单击并按住鼠标左键不放，拖曳选区中的图像到适当的位置，释放鼠标左键和 Alt 键，图像复制完成，效果如图 6-41 所示。

图 6-39

图 6-40

图 6-41

使用菜单命令复制图像：使用"快速选择"工具 选中要复制的图像区域，如图 6-42 所示，选择"编辑 > 拷贝"命令或按 Ctrl+ C 组合键，将选区中的图像复制，这时屏幕上的图像并没有变化，但系统已将选区中的图像复制到剪贴板中。

选择"编辑 > 粘贴"命令或按 Ctrl+V 组合键，将剪贴板中的图像粘贴在图像的新图层中，复制的图像在原图的上方，如图 6-43 所示，使用"移动"工具 可以移动复制出的图像，效果如图 6-44 所示。

图6-42　　　　　　　　　　图6-43　　　　　　　　　　图6-44

在不同文件之间复制图像：选择"移动"工具 ，将光标置于选区中，按住鼠标左键将选区中的图像拖曳到新的文件中，如图 6-45 所示，释放鼠标左键，图像复制完成，效果如图 6-46 所示。

图6-45　　　　　　　　　　　　　　图6-46

6.2.4　选区中图像的删除

在删除图像前，需要选择要删除的图像区域，如果不选择图像区域，将不能删除图像。

使用菜单命令删除图像：在需要删除的图像上绘制选区，如图 6-47 所示，选择"编辑 > 清除"命令，将选区中的图像删除，按 Ctrl+D 组合键，取消选区，效果如图 6-48 所示。

图6-47　　　　　　　　　　图6-48

> **提示**
>
> 删除后的图像区域由背景色填充。如果在某一图层中，删除后的图像区域将显示下面一层的图像。

使用快捷键删除图像：在需要删除的图像上绘制选区，按 Delete 键或 Backspace 键，可以将选区中的图像删除。按 Alt+Delete 组合键或 Alt+Backspace 组合键也可将选区中的图像删除，删除后的图像区域由前景色填充。

6.2.5　选区中图像的变换

使用"变换"子菜单命令变换图像的选区：在操作过程中可以根据设计和制作需要变换已经绘制好的选区。在图像中绘制选区后，选择"编辑"菜单中的"变换"子菜单命令，可以对图像的选区进行各种变换。"变换"子菜单如图 6-49 所示。

在图像中绘制选区，如图 6-50 所示。选择"缩放"命令，拖曳控制手柄，可以对图像选区自由地缩放，如图 6-51 所示。选择"旋转"命令，旋转控制手柄，可以对图像选区自由地旋转，如图 6-52 所示。

图 6-49	图 6-50	图 6-51	图 6-52

选择"斜切"命令，拖曳控制手柄，可以对图像选区进行斜切调整，如图 6-53 所示。选择"扭曲"命令，拖曳控制手柄，可以对图像选区进行扭曲调整，如图 6-54 所示。选择"透视"命令，拖曳控制手柄，可以对图像选区进行透视调整，如图 6-55 所示。选择"旋转 180 度"命令，可以将图像选区旋转 180 度，如图 6-56 所示。

图 6-53	图 6-54	图 6-55	图 6-56

选择"旋转 90 度（顺时针）"命令，可以将图像选区顺时针旋转 90°，如图 6-57 所示。选择"旋转 90 度（逆时针）"命令，可以将图像选区逆时针旋转 90°，如图 6-58 所示。选择"水平翻转"命令，可以将图像选区水平翻转，如图 6-59 所示。选择"垂直翻转"命令，可以将图像选区垂直翻转，如图 6-60 所示。

图 6-57	图 6-58	图 6-59	图 6-60

使用"自由变换"命令或其快捷键变换图像的选区：在图像中绘制选区，选择"编辑 > 自由变换"命令或按 Ctrl+T 组合键，选区周围出现控制手柄，可对选区进行自由变换。拖曳控制手柄，可以对图像选区自由地缩放。按住 Shift 键的同时，拖曳控制手柄，可以等比例缩放图像选区。

如果在变换后仍要保留原图像的内容，按 Ctrl+Alt+T 组合键，选区周围出现控制手柄，向选区外拖曳选区中的图像，会复制出新的图像，原图像的内容将被保留，效果如图 6-61 所示。

按 Ctrl+T 组合键，选区周围出现控制手柄，将鼠标放在控制手柄外边，鼠标光标变为 ↕ 图标，旋转控制手柄可以将图像旋转，效果如图 6-62 所示。如果旋转之前改变旋转中心的位置，旋转图像的效果将随之改变，如图 6-63 所示。

图 6-61   图 6-62   图 6-63

　　按住 Ctrl 键的同时，任意拖曳变换框的 4 个控制手柄，可以使图像任意变形，效果如图 6-64 所示。按住 Alt 键的同时，任意拖曳变换框的 4 个控制手柄，可以使图像对称变形，效果如图 6-65 所示。

　　按住 Ctrl+Shift 组合键，拖曳变换框中间的控制手柄，可以使图像斜切变形，效果如图 6-66 所示。按住 Ctrl+Shift+Alt 组合键，任意拖曳变换框的 4 个控制手柄，可以使图像透视变形，效果如图 6-67 所示。按住 Shift+Ctrl+T 组合键，可以再次应用上一次使用过的变换命令。

图 6-64   图 6-65   图 6-66   图 6-67

6.3　图像的裁切和旋转

通过图像的裁切和图像的旋转，可以设计制作出丰富多变的图像效果。

6.3.1　课堂案例——制作邀请函效果图

案例学习目标

使用多种变换命令制作包装立体图。

案例知识要点

使用"透视"命令、"缩放"命令和"光照效果"命令制作邀请函；使用"钢笔"工具和"羽化"命令绘制投影；使用"斜切"命令和"变形"命令制作其他邀请函，效果如图 6-68 所示。

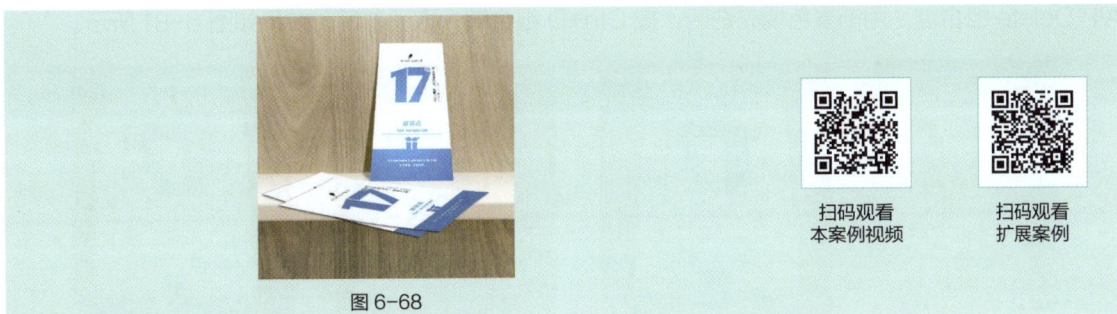

图 6-68

效果所在位置

云盘 /Ch06/ 效果 / 制作邀请函效果图 .psd。

（1）按 Ctrl+O 组合键，打开云盘中的"Ch06 > 素材 > 制作邀请函效果图"中的 01 和 02 文件，如图 6-69 和图 6-70 所示。

（2）选择"移动"工具 ，将 02 图像拖曳到 01 图像窗口中适当的位置并调整其大小，效果如图 6-71 所示。在"图层"控制面板中生成新图层并将其命名为"邀请函"，如图 6-72 所示。

（3）按 Ctrl+T 组合键，在图像周围出现变换框，在变换框中单击鼠标右键，在弹出的快捷菜单中选择"透视"命令，调整控制点到适当的位置，如图 6-73 所示。再次单击鼠标右键，在弹出的菜单中选择"缩放"命令，按 Enter 键确认操作，效果如图 6-74 所示。

图 6-69

图 6-70

图 6-71

图 6-72

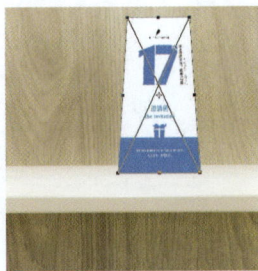

图 6-73

（4）选择"滤镜 > 渲染 > 光照效果"命令，在相应的"属性"控制面板中进行设置，如图 6-75 所示，在属性栏中单击"确定"按钮，效果如图 6-76 所示。

（5）新建图层并将其命名为"投影 1"。将前景色设为褐色（106、57、6）。选择"钢笔"工具 ，在属性栏的"选择工具模式"选项中选择"路径"，在图像窗口中绘制不规则图形，效果如图 6-77 所示。按 Ctrl+Enter 组合键，将绘制的路径转换为选区，如图 6-78 所示。

（6）选择"选择 > 修改 > 羽化"命令，弹出"羽化选区"对话框，进行设置，如图 6-79 所示，单击"确定"按钮，效果如图 6-80 所示。按

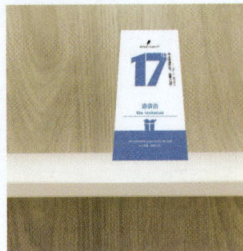

图 6-74

Alt+Delete 组合键，用前景色填充选区，按 Ctrl+D 组合键，取消选区，效果如图 6-81 所示。

图 6-75

图 6-76

图 6-77

图 6-78

图 6-79

图 6-80

图 6-81

（7）在"图层"控制面板上方将"投影 1"图层的"不透明度"选项设置为 85%，如图 6-82 所示，图像效果如图 6-83 所示。将"投影 1"图层拖曳至"邀请函"图层下面，如图 6-84 所示，图像效果如图 6-85 所示。用相同的方法绘制"投影 2"，并调整图层顺序，效果如图 6-86 所示。

图 6-82

图 6-83

图 6-84

图 6-85

图 6-86

（8）单击"图层"控制面板中的"邀请函"图层。选择"移动"工具 ，再次将 02 图像拖曳到 01 图像窗口中适当的位置，调整其大小并旋转相应的角度，效果如图 6-87 所示。在"图层"控制面板中生成新图层并将其命名为"邀请函 副本"。

（9）按 Ctrl+T 组合键，在图像周围出现变换框，在变换框中单击鼠标右键，在弹出的快捷菜单中选择"斜切"命令，调整控制点到适当的位置，如图 6-88 所示。再次单击鼠标右键，在弹出的快捷菜单中选择"缩放"命令，调整图像的缩放大小，按 Enter 键确认操作，效果如图 6-89 所示。

图 6-87

图 6-88

图 6-89

（10）按 Ctrl+T 组合键，在图像周围出现变换框，在变换框中单击鼠标右键，在弹出的快捷菜单中选择"变形"命令，调整控制点到适当的位置，如图 6-90 所示，按 Enter 键确认操作，效果如图 6-91 所示。

（11）单击"图层"控制面板下方的"添加图层样式"按钮 ，在弹出的菜单中选择"投影"命令，在弹出的对话框中进行设置，如图 6-92 所示，单击"确定"按钮，效果如图 6-93 所示。用相同方法添加其他图形，效果如图 6-94 所示。邀请函效果制作完成。

图 6-90

图 6-91

图 6-92

图 6-93

图 6-94

6.3.2 图像的裁切

如果图像中含有大面积的纯色区域或透明区域，可以应用"裁切"命令进行操作。原始图像效果如图 6-95 所示，选择"图像 > 裁切"命令，弹出"裁切"对话框，在对话框中进行设置，如图 6-96 所示，单击"确定"按钮，效果如图 6-97 所示。

图 6-95　　　　　　　　　　图 6-96　　　　　　　　　　图 6-97

透明像素：如果当前图像的多余区域是透明的，则选择此选项。左上角像素颜色：根据图像左上角的像素颜色来确定裁切的颜色范围。右下角像素颜色：根据图像右下角的像素颜色来确定裁切的颜色范围。裁切：用于设置裁切的区域范围。

6.3.3　图像的旋转

图像的旋转将对整个图像起作用。选择"图像 > 图像旋转"命令，其子菜单如图 6-98 所示。图像变换的多种效果如图 6-99 所示。

图 6-98

选择"任意角度"命令，弹出"旋转画布"对话框，如图 6-100 所示进行设置，单击"确定"按钮，图像被旋转，效果如图 6-101 所示。任意方式旋转图像后，若旋转的图像为背景图层，旋转出的区域由背景色填充；若旋转的图像为普通图层，旋转出的区域显示为透明。

原图像　　　　　　　　　　180 度　　　　　　　　　90 度（顺时针）

90 度（逆时针）　　　　　水平翻转画布　　　　　　垂直翻转画布

图 6-99

图 6-100

图 6-101

6.4 课堂练习——制作证件照

练习知识要点

使用裁剪工具裁切照片，使用钢笔工具抠出人物，使用矩形工具绘制背景，使用定义图案命令定义图案。

素材所在位置

云盘 /Ch06/ 素材 / 制作证件照 /01。

效果所在位置

云盘 /Ch06/ 效果 / 制作证件照 .psd，效果如图 6-102 所示。

扫码观看
本案例视频

图 6-102

6.5 课后习题——制作书籍宣传卡

习题知识要点

使用扭曲命令扭曲变形图形，使用渐变工具为图像添加渐变效果。

素材所在位置

云盘 /Ch06/ 素材 / 制作书籍宣传卡 /01、02。

效果所在位置

云盘 /Ch06/ 效果 / 制作书籍宣传卡 .psd，效果如图 6-103 所示。

扫码观看
本案例视频

图 6-103

07

第 7 章
绘制图形及路径

本章介绍

本章将主要介绍路径的绘制、编辑方法以及图形的绘制与应用技巧。通过本章的学习，可以快速地绘制所需路径并对路径进行修改和编辑，还可应用绘图工具快速地绘制出系统自带的图形，提高图像制作的效率。

学习目标

- 熟练掌握"矩形"工具、"圆角矩形"工具等绘图工具的使用方法。
- 熟练掌握"钢笔"工具、"自由钢笔"工具等路径工具的使用方法。
- 熟练掌握选区和路径的转换、新建路径的方法和"路径"控制面板的使用方法。
- 熟练掌握复制、删除、重命名路径的方法。
- 熟练掌握"路径选择"工具、"直接选择"工具的使用方法和填充路径、描边路径的方法。
- 了解创建 3D 图形和使用 3D 工具的方法。

技能目标

- ✱ 掌握"艺术插画"的制作方法。
- ✱ 掌握"咖啡店宣传卡"的制作方法。
- ✱ 掌握"美食宣传卡"的制作方法。

7.1　绘制图形

绘图工具极大地加强了 Photoshop CS6 处理图像的功能，它可以用来绘制各种图形。

7.1.1　课堂案例——制作艺术插画

案例学习目标

学习使用不同的绘图工具绘制各种图形，并使用"移动"工具调整图像的位置。

案例知识要点

使用"椭圆"工具绘制插画背景效果，使用"圆角矩形"工具、"自定形状"工具制作装饰图形，使用"横排文字"工具添加文字，效果如图 7-1 所示。

扫码观看
本案例视频

扫码观看
扩展案例

图 7-1

效果所在位置

云盘 /Ch07/ 效果 / 制作艺术插画 .psd。

1. 绘制背景图形

（1）按 Ctrl+N 组合键，新建一个文档，宽度为 21 厘米，高度为 20 厘米，分辨率为 300 像素 / 英寸，背景内容为白色，单击"确定"按钮。将前景色设为苹果色（203、232、165）。按 Alt+Delete 组合键，用前景色填充"背景"图层，效果如图 7-2 所示。

（2）新建图层并将其命名为"圆圈"。将前景色设为白色。选择"椭圆"工具 ◯，在属性栏中的"选择工具模式"选项中选择"像素"，在图像窗口中拖曳光标绘制多个圆形，效果如图 7-3 所示。

图 7-2

（3）在"图层"控制面板上方将"圆圈"图层的"不透明度"选项设为 30%，如图 7-4 所示，按 Enter 键确认操作，效果如图 7-5 所示。

图7-3

图7-4

图7-5

2. 添加任务并绘制装饰图形

（1）按 Ctrl+O 组合键，打开云盘中的"Ch07 > 素材 > 绘制艺术插画 > 01"文件，选择"移动"工具 ，将素材图片拖曳到图像窗口中适当的位置，效果如图 7-6 所示。在"图层"控制面板中生成新的图层并将其命名为"人物"。

（2）新建图层并将其命名为"圆角矩形"。将前景色设为白色。选择"圆角矩形"工具 ，在属性栏的"选择工具模式"选项中选择"像素"，将"半径"选项设为 50 像素，在图像窗口中拖曳鼠标绘制一个圆角矩形，效果如图 7-7 所示。用相同的方法再绘制两个圆角矩形，效果如图 7-8 所示。

图7-6

图7-7

图7-8

（3）在"图层"控制面板上方将"圆角矩形"图层的"不透明度"选项设为 85%，如图 7-9 所示，按 Enter 键确认操作，效果如图 7-10 所示。

图7-9

图7-10

（4）单击"图层"控制面板下方的"添加图层样式"按钮 ，在弹出的菜单中选择"投影"命令，弹出对话框，设置阴影颜色为绿色（93、152、94），其他选项的设置如图 7-11 所示，单击"确定"按钮，效果如图 7-12 所示。

（5）新建图层并将其命名为"叶子"。将前景色设为紫灰色（182、167、208）。选择"自定形状"工具 ，单击属性栏中的"形状"选项，弹出形状选择面板，单击右上方的按钮 ，在弹出的菜单中选择"装饰"选项，弹出提示对话框，单击"追加"按钮。在面板中选择需要的图形，如图 7-13 所示。在属性栏的"选择工具模式"选项中选择"像素"，在图像窗口中拖曳鼠标绘制图形，效果如图 7-14 所示。

图 7-11

图 7-12

图 7-13

（6）按 Ctrl+T 组合键，图像周围出现变换框，向下拖曳上方中间的控制手柄，调整其大小，按 Enter 键确认操作，效果如图 7-15 所示。按 Ctrl+T 组合键，图像周围出现变换框，在变换框中单击鼠标右键，在弹出的快捷菜单中选择"旋转 90 度（顺时针）"命令，将图片顺时针旋转 90 度，按 Enter 键确认操作，效果如图 7-16 所示。

图 7-14

图 7-15

图 7-16

（7）按住 Alt 键的同时将鼠标光标放在"叶子"图层和"圆角矩形"图层的中间，鼠标光标变为 ↓□，如图 7-17 所示，单击鼠标创建剪贴蒙版，效果如图 7-18 所示。

（8）新建图层并将其命名为"邮票形状"。将前景色设为白色。选择"自定形状"工具 ，单击属性栏中的"形状"选项，弹出形状选择面板，单击右上方的按钮 ，在弹出的菜单中选择"物体"选项，弹出提示对话框，单击"追加"按钮。在面板中选择需要的图形，如图 7-19 所示，在图像窗口中拖曳鼠标绘制图形，效果如图 7-20 所示。

图 7-17

图 7-18

图 7-19

（9）在"图层"控制面板上方将"邮票形状"图层的"不透明度"选项设为 85%，如图 7-21 所示，按 Enter 键确认操作，效果如图 7-22 所示。

图 7-20   图 7-21   图 7-22

（10）将前景色设为暗绿色（70、97、80）。选择"横排文字"工具 T，分别输入需要的文字并选取文字，在属性栏中选择合适的字体并设置文字大小，效果如图 7-23 所示，在"图层"控制面板中分别生成新的文字图层。将两个文字图层同时选取，展开"字符"控制面板，选项的设置如图 7-24 所示，按 Enter 键确认操作，效果如图 7-25 所示。

图 7-23   图 7-24   图 7-25

（11）新建图层并将其命名为"横线"。将前景色设为暗绿色（70、97、80）。选择"直线"工具 ，在属性栏的"选择工具模式"选项中选择"像素"，将"粗细"选项设为 3 像素，按住 Shift 键的同时，在图像窗口中适当的位置绘制横线，如图 7-26 所示。

（12）新建图层并将其命名为"底白"。将前景色设为白色。选择"矩形"工具 ，在属性栏的"选择工具模式"选项中选择"像素"，在图像窗口的下方绘制矩形，如图 7-27 所示。

图 7-26   图 7-27

（13）将前景色设为黑色。选择"横排文字"工具 T，分别输入需要的文字并选取文字，在属性栏中选择合适的字体并设置文字大小，效果如图 7-28 所示，在"图层"控制面板中分别生成新的文字图层。将两个文字图层同时选取，"字符"控制面板中选项的设置如图 7-29 所示，按 Enter

键确认操作，效果如图 7-30 所示。艺术插画绘制完成。

图 7-28

图 7-29

图 7-30

7.1.2 "矩形"工具

选择"矩形"工具 ，或反复按 Shift+U 组合键，其属性栏状态如图 7-31 所示。

图 7-31

选择工具模式 ：用于选择创建路径形状、创建工作路径或填充区域。

：用于设置矩形的填充色、描边色、描边宽度和描边类型。

：用于设置矩形的宽度和高度。

：用于设置图形的组合方式、对齐方式和排列方式。

：用于设定所绘制矩形的形状。

对齐边缘：用于设定边缘是否对齐。

原始图像效果如图 7-32 所示。在图像中绘制矩形，效果如图 7-33 所示，"图层"控制面板中的效果如图 7-34 所示。

图 7-32

图 7-33

图 7-34

7.1.3 "圆角矩形"工具

选择"圆角矩形"工具 ，或反复按 Shift+U 组合键，其属性栏如图 7-35 所示。其属性栏中的内容与"矩形"工具属性栏的选项内容类似，只增加了"半径"选项，用于设定圆角矩形的圆角半径，数值越大圆角越平滑。

图 7-35

原始图像效果如图 7-36 所示。将半径选项设为 20 像素，在图像中绘制圆角矩形，效果如图 7-37 所示，"图层"控制面板中的效果如图 7-38 所示。

图 7-36　　　　　　　　　　　图 7-37　　　　　　　　　　　图 7-38

7.1.4　"椭圆"工具

选择"椭圆"工具，或反复按 Shift+U 组合键，其属性栏状态如图 7-39 所示。

图 7-39

原始图像效果如图 7-40 所示。在图像上绘制椭圆形，效果如图 7-41 所示，"图层"控制面板中的效果如图 7-42 所示。

图 7-40　　　　　　　　　　　图 7-41　　　　　　　　　　　图 7-42

7.1.5　"多边形"工具

选择"多边形"工具，或反复按 Shift+U 组合键，其属性栏状态如图 7-43 所示。其属性栏中的内容与"矩形"工具属性栏的选项内容类似，只增加了"边"选项，用于设定多边形的边数。

原始图像效果如图 7-44 所示。单击属性栏中的按钮，在弹出的面板中进行设置，如图 7-45 所示，在图像中绘制多边形，效果如图 7-46 所示，"图层"控制面板中的效果如图 7-47 所示。

图 7-43

图 7-44　　　　　　　图 7-45　　　　　　　图 7-46　　　　　　　图 7-47

7.1.6 "直线"工具

选择"直线"工具 ，或反复按 Shift+U 组合键，其属性栏状态如图 7-48 所示。其属性栏中的内容与矩形工具属性栏的选项内容类似，只增加了"粗细"选项，用于设定直线的宽度。

单击属性栏中的按钮 ，在弹出的面板中设置箭头的属性，如图 7-49 所示。

图 7-48

图 7-49

起点：用于选择箭头位于线段的始端。终点：用于选择箭头位于线段的末端。宽度：用于设定箭头宽度和线段宽度的比值。长度：用于设定箭头长度和线段宽度的比值。凹度：用于设定箭头凹凸的形状。

原始图像效果如图 7-50 所示，在图像中绘制不同效果的直线，如图 7-51 所示，"图层"控制面板中的效果如图 7-52 所示。

图 7-50

图 7-51

图 7-52

> **提示**
>
> 按住 Shift 键，应用"直线"工具绘制图形时，可以绘制水平或垂直的直线。

7.1.7 "自定形状"工具

选择"自定形状"工具 ，或反复按 Shift+U 组合键，其属性栏状态如图 7-53 所示。其属性栏中的内容与"矩形"工具属性栏的选项内容类似，只增加了"形状"选项，用于选择所需的形状。

单击"形状"选项右侧的按钮 ，弹出图 7-54 所示的形状选择面板，面板中存储了可供选择的各种不规则形状。

图 7-53

图 7-54

原始图像效果如图 7-55 所示。在图像中绘制形状图形，效果如图 7-56 所示，"图层"控制面板中的效果如图 7-57 所示。

图 7-55

图 7-56

图 7-57

可以应用"定义自定形状"命令来制作并定义形状。使用"钢笔"工具 ✐ 在图像窗口中绘制路径并填充路径，效果如图 7-58 所示。选择"编辑 > 定义自定形状"命令，弹出"形状名称"对话框，在"名称"选项的文本框中输入自定形状的名称，如图 7-59 所示；单击"确定"按钮，在形状选择面板中将会显示刚才定义的形状，如图 7-60 所示。

图 7-58

图 7-59

图 7-60

7.2 绘制和编辑路径

路径对于 Photoshop CS6 高手来说确实是一个非常得力的助手。使用路径可以进行复杂图像的选取，还可以存储选取区域以备再次使用，更可以绘制线条平滑的优美图形。

7.2.1 课堂案例——制作咖啡店宣传卡

案例学习目标

学习使用不同的路径工具绘制并调整路径。

案例知识要点

使用"钢笔"工具、"添加锚点"工具和"转换点"工具绘制路径，使用"将路径作为选区载入"按钮将路径转换为选区，应用图层样式命令为图像添加特殊效果，最终效果如图 7-61 所示。

图 7-61

扫码观看
本案例视频

扫码观看
扩展案例

📁 效果所在位置

云盘 /Ch07/ 效果 / 制作咖啡店宣传卡 .psd。

1. 编辑图片并添加边框

（1）按 Ctrl+O 组合键，打开云盘中的"Ch07 > 素材 > 制作咖啡店宣传卡 > 01"文件，如图 7-62 所示。将"背景"图层拖曳到控制面板下方的"创建新图层"按钮 🔲 上进行复制，生成新的图层"背景 副本"，如图 7-63 所示。

（2）选择"滤镜 > 模糊 > 高斯模糊"命令，在弹出的对话框中进行设置，如图 7-64 所示，单击"确定"按钮，效果如图 7-65 所示。

图 7-62

图 7-63

图 7-64

图 7-65

（3）单击"图层"控制面板下方的"添加图层蒙版"按钮 🔲，为"背景 副本"图层添加蒙版，如图 7-66 所示。将前景色设为黑色。选择"画笔"工具 ✎，在属性栏中单击"画笔"选项右侧的按钮，在弹出的画笔选择面板中选择需要的画笔形状，将"大小"选项设为 700 像素，如图 7-67 所示，在图像窗口中拖曳鼠标擦除不需要的图像，效果如图 7-68 所示。

（4）新建图层并将其命名为"边框"。将前景色设为深褐色（44、26、11）。选择"圆角矩形"工具 🔲，在属性栏中将"选择工具模式"选项设为"路径"，将"半径"选项设为 100 像素，在图像窗口中绘制路径，效果如图 7-69 所示。选择"路径选择"工具 ▶，选取绘制的路径，效果如图 7-70 所示。

图 7-66

（5）选择"画笔"工具 ✎，单击属性栏中的"切换画笔面板"按钮，弹出"画笔"控制面板，选择需要的画笔形状，其他选项的设置如图 7-71 所示。在路径上单击鼠标右键，在弹出的快捷菜单中选择"描边路径"命令，在弹出的对话框中进行设置，如图 7-72 所示，单击"确定"按钮，描边路径，效果如图 7-73 所示。

图 7-67

图 7-68

图 7-69

图 7-70

| 图 7-71 | 图 7-72 | 图 7-73 |

2. 绘制路径并移动图像

（1）按 Ctrl+O 组合键，打开云盘中的"Ch07 > 素材 > 制作咖啡店宣传卡 > 02"文件，如图 7-74 所示。选择"钢笔"工具 ，在属性栏中的"选择工具模式"选项中选择"路径"，在图像窗口中沿着杯子轮廓单击鼠标绘制路径，如图 7-75 所示。

（2）选择"钢笔"工具 ，按住 Ctrl 键的同时，"钢笔"工具 转换为"直接选择"工具 ，拖曳路径中的锚点来改变路径的弧度，再次拖曳锚点上的调节手柄改变线段的弧度，效果如图 7-76 所示。

（3）将鼠标光标移动到建立好的路径上，若当前该处没有锚点，则"钢笔"工具 转换为"添加锚点"工具 ，如图 7-77 所示，在路径上单击鼠标添加一个锚点。选择"转换点"工具 ，按住 Alt 键的同时，可以任意改变调节手柄中的其中一个手柄，如图 7-78 所示。

（4）用上述路径工具将路径调整得更贴近杯子的形状，效果如图 7-79 所示。单击"路径"控制面板下方的"将路径作为选区载入"按钮 ，将路径转换为选区，如图 7-80 所示。选择"移动"工具 ，将 02 文件选区中的图像拖曳到正在编辑的 01 文件中，如图 7-81 所示，在"图层"控制面板中生成新的图层并将其命名为"咖啡杯"。

图 7-74　　图 7-75

| 图 7-76 | 图 7-77 | 图 7-78 | 图 7-79 | 图 7-80 |

（5）按 Ctrl+T 组合键，图像周围出现变换框，拖曳鼠标调整图像的大小和位置，按 Enter 键确认操作，效果如图 7-82 所示。选择"魔棒"工具 ，在需要的位置单击生成选区，如图 7-83 所示。按 Delete 键，删除选区中的图像。取消选区后，效果如图 7-84 所示。

图 7-81

图 7-82

图 7-83

图 7-84

（6）单击"图层"控制面板下方的"添加图层样式"按钮 **fx.**，在弹出的菜单中选择"投影"命令，在弹出的对话框中进行设置，如图 7-85 所示，单击"确定"按钮，效果如图 7-86 所示。

图 7-85

图 7-86

（7）将前景色设为黄色（255、204、0）。选择"横排文字"工具 **T.**，在图像窗口中输入需要的文字。展开"字符"控制面板，选项的设置如图 7-87 所示，按 Enter 键确认操作，效果如图 7-88 所示，在"图层"控制面板中分别生成新的文字图层。咖啡店宣传卡制作完成。

图 7-87

图 7-88

7.2.2 "钢笔"工具

选择"钢笔"工具 **✐.**，或反复按 Shift+P 组合键，其属性栏状态如图 7-89 所示。

图 7-89

按住 Shift 键创建锚点时，将强迫系统以 45°或 45°的倍数绘制路径。按住 Alt 键，当"钢笔"工具 🖊 移到锚点上时，暂时将"钢笔"工具 🖊 转换为"转换点"工具 ⌐。按住 Ctrl 键时，暂时将"钢笔"工具 🖊 转换成"直接选择"工具 ▸。

绘制直线条：建立一个新的图像文件，选择"钢笔"工具 🖊 ，在属性栏中的"选择工具模式"选项中选择"路径"选项，"钢笔"工具 🖊 绘制的将是路径。如果选中"形状"选项，将绘制出形状图层。勾选"自动添加 / 删除"复选框，"钢笔"工具的属性栏状态如图 7-90 所示。

图 7-90

在图像中任意位置单击鼠标，创建 1 个锚点，将鼠标移动到其他位置再次单击，创建第 2 个锚点，两个锚点之间自动以直线进行连接，如图 7-91 所示。再将鼠标移动到其他位置单击，创建第 3 个锚点，而系统将在第 2 个和第 3 个锚点之间生成一条新的直线路径，如图 7-92 所示。将鼠标移至第 2 个锚点上，鼠标光标暂时转换成"删除锚点"工具 🖊 ，如图 7-93 所示，在锚点上单击，即可将第 2 个锚点删除，如图 7-94 所示。

图 7-91 　　　　　　　图 7-92 　　　　　　　图 7-93 　　　　　　　图 7-94

绘制曲线：选择"钢笔"工具 🖊 ，单击建立新的锚点并按住鼠标左键不放，拖曳鼠标，建立曲线段和曲线锚点，如图 7-95 所示。释放鼠标左键，按住 Alt 键的同时，单击刚建立的曲线锚点，如图 7-96 所示，将其转换为直线锚点，在其他位置再次单击建立下一个新的锚点，可在曲线段后绘制出直线段，如图 7-97 所示。

图 7-95 　　　　　　　　　图 7-96 　　　　　　　　　图 7-97

7.2.3 "自由钢笔"工具

选择"自由钢笔"工具 🖊 ，其属性栏的设置如图 7-98 所示。在瓶子的上方单击鼠标确定最初的锚点，再沿图像小心地拖曳鼠标并单击，确定其他的锚点，如图 7-99 所示。若在选择中存在误差，只需使用其他的路径工具对路径进行修改就可以补救，如图 7-100 所示。

图 7-98

7.2.4 "添加锚点"工具

将"钢笔"工具 移动到建立的路径上，若当前此处没有锚点，则"钢笔"工具 转换成"添加锚点"工具 ，如图 7-101 所示。在路径上单击鼠标可以添加一个锚点，效果如图 7-102 所示。将鼠标光标移动到建立的路径上，若当前此处没有锚点，则"钢笔"工具 转换成"添加锚点"工具 ，如图 7-103 所

图 7-99　　　　　　　　图 7-100

示，单击鼠标添加锚点后按住鼠标左键不放，向上拖曳鼠标，建立曲线段和曲线锚点，效果如图 7-104 所示。

图 7-101　　　　　图 7-102　　　　　图 7-103　　　　　图 7-104

7.2.5 "删除锚点"工具

"删除锚点"工具用于删除路径上已经存在的锚点。选择"钢笔"工具 ，将鼠标光标移动到路径的锚点上，则"钢笔"工具 转换成"删除锚点"工具 ，如图 7-105 所示，单击锚点将其删除，如图 7-106 所示。将鼠标光标移动到曲线路径的锚点上，则"钢笔"工具 转换成"删除锚点"工具 ，如图 7-107 所示，单击锚点将其删除，效果如图 7-108 所示。

图 7-105　　　　　图 7-106　　　　　图 7-107　　　　　图 7-108

7.2.6 "转换点"工具

使用"转换点"工具单击或拖曳锚点可将其转换成直线锚点或曲线锚点，拖曳锚点上的调节手柄可以改变线段的弧度。

按住 Shift 键，拖曳其中的一个锚点，将强迫手柄以 45°或 45°的倍数进行改变。按住 Alt 键，拖曳手柄，可以任意改变两个调节手柄中的一个手柄，而不影响另一个手柄的位置。按住 Alt 键，拖曳路径中的线段，可以将路径进行复制。

使用"钢笔"工具![钢笔图标]在图像中绘制四边形路径，如图 7-109 所示，当要闭合路径时鼠标光标变为![图标]图标，单击鼠标即可闭合路径，完成四边形路径的绘制，如图 7-110 所示。

图 7-109　　　　　　　　　　图 7-110

选择"转换点"工具![转换点图标]，将鼠标光标放置在四边形左上角的锚点上，如图 7-111 所示，单击锚点并将其向右上方拖曳形成曲线锚点，如图 7-112 所示。使用相同的方法将三角形右上角的锚点转换为曲线锚点，如图 7-113 所示。绘制完成后，路径的效果如图 7-114 所示。

图 7-111　　　　　图 7-112　　　　　图 7-113　　　　　图 7-114

7.2.7　选区和路径的转换

1. 将选区转换为路径

使用画板菜单命令：在图像上绘制选区，如图 7-115 所示，单击"路径"控制面板右上方的图标![图标]，在弹出的面板菜单中选择"建立工作路径"命令，弹出"建立工作路径"对话框。在对话框中，应用"容差"选项设置转换时的误差允许范围，数值越小越精确，路径上的关键点也越多。如果要编辑生成的路径，在此处设定的数值最好为 2.0，如图 7-116 所示，单击"确定"按钮，将选区转换成路径，效果如图 7-117 所示。

使用控制面板按钮：单击"路径"控制面板下方的"从选区生成工作路径"按钮![图标]，将选区转换成路径。

图 7-115　　　　　　　图 7-116　　　　　　　图 7-117

2. 将路径转换为选区

使用面板菜单命令：在图像中创建路径，如图 7-118 所示，单击"路径"控制面板右上方的图标![图标]，在弹出的面板菜单中选择"建立选区"命令，弹出"建立选区"对话框，如图 7-119 所示。设置完成后，单击"确定"按钮，将路径转换成选区，效果如图 7-120 所示。

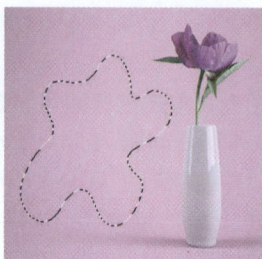

图 7-118　　　　　　　　　　　图 7-119　　　　　　　　　　　图 7-120

　　使用控制面板按钮：单击"路径"控制面板下方的"将路径作为选区载入"按钮 ⊙ ，将路径转换成选区。

7.2.8　课堂案例——制作美食宣传卡

案例学习目标

学习使用不同的路径工具绘制并调整路径。

案例知识要点

使用"钢笔"工具、"添加锚点"工具和"转换点"工具绘制路径，使用"将路径作为选区载入"按钮将路径转换成选区，效果如图 7-121 所示。

扫码观看
本案例视频

扫码观看
扩展案例

图 7-121

效果所在位置

云盘 /Ch07/ 效果 / 制作美食宣传卡 .psd。

　　（1）按 Ctrl+O 组合键，打开云盘中的"Ch07 > 素材 > 制作美食宣传卡 > 01"文件，如图 7-122 所示。选择"钢笔"工具 ✍，在属性栏中的"选择工具模式"选项中选择"路径"，在图像窗口中沿着蛋糕轮廓拖曳鼠标绘制路径，如图 7-123 所示。

　　（2）选择"钢笔"工具 ✍，按住 Ctrl 键的同时，"钢笔"工具 ✍转换为"直接选择"工具 ▶，拖曳路径中的锚点改变路径的弧度，再次拖曳锚点上的调节手柄改变线段的弧度，效果如图 7-124 所示。

　　（3）将鼠标光标移动到建立好的路径上，若当前该处没有锚点，则"钢笔"工具 ✍转换为"添

图 7-122　　　　　　图 7-123

加锚点"工具 ，如图 7-125 所示，在路径上单击鼠标添加一个锚点。

（4）选择"转换点"工具 ，按住 Alt 键的同时，拖曳手柄，可以任意改变调节手柄中的其中一个手柄，如图 7-126 所示。用上述路径工具将路径调整得更贴近盒子的形状，效果如图 7-127 所示。

图 7-124　　　　　　　图 7-125　　　　　　　图 7-126　　　　　　　图 7-127

（5）单击"路径"控制面板下方的"将路径作为选区载入"按钮 ，将路径转换为选区，如图 7-128 所示。

（6）按 Ctrl+O 组合键，打开云盘中的"Ch07 > 素材 > 制作美食宣传卡 > 02"文件，如图 7-129 所示。选择"移动"工具 ，将 01 文件选区中的图像拖曳到 02 文件中，效果如图 7-130 所示，在"图层"控制面板中生成新的图层并将其命名为"蛋糕"。

图 7-128　　　　　　　图 7-129　　　　　　　图 7-130

（7）新建图层并将其命名为"投影"。将前景色设为咖啡色（75、34、0）。选择"椭圆选框"工具 ，在图像窗口中拖曳鼠标绘制椭圆选区，如图 7-131 所示。

（8）按 Shift+F6 组合键，在弹出的"羽化选区"对话框中进行设置，如图 7-132 所示，单击"确定"按钮，羽化选区。按 Alt+Delete 组合键，用前景色填充选区。按 Ctrl+D 组合键，取消选区，效果如图 7-133 所示。

图 7-131　　　　　　　图 7-132　　　　　　　图 7-133

（9）在"图层"控制面板中将"阴影"图层拖曳到"蛋糕"图层的下方，如图 7-134 所示，图像效果如图 7-135 所示。

（10）按住 Shift 键的同时，将"蛋糕"图层和"投影"图层同时选取。按 Ctrl+E 组合键，合并图层，如图 7-136 所示。

（11）连续两次将"蛋糕"图层拖曳到"图层"控制面板下方的"创建新图层"按钮上进行复制，生成新的副本图层，如图 7-137 所示。分别选择副本图层，拖曳到适当的位置并调整其大小，效果如图 7-138 所示。美食宣传卡制作完成。

图 7-134　　　　图 7-135

图 7-136　　　　图 7-137　　　　图 7-138

7.2.9　"路径"控制面板

绘制一条路径，选择"窗口 > 路径"命令，调出"路径"控制面板，如图 7-139 所示。单击"路径"控制面板右上方的图标，弹出其面板菜单，如图 7-140 所示。在"路径"控制面板的底部有 7 个工具按钮，如图 7-141 所示。

图 7-139　　　　图 7-140　　　　图 7-141

"用前景色填充路径"按钮：单击此按钮，将对当前选中路径进行填充，填充的对象包括当前路径的所有子路径以及不连续的路径线段。如果选定了路径中的一部分，"路径"控制面板的面板菜单中的"填充路径"命令将变为"填充子路径"命令。如果被填充的路径为开放路径，Photoshop CS6 将自动把路径的两个端点以直线段连接然后进行填充。如果只有一条开放的路径，则不能进行填充。按住 Alt 键的同时单击此按钮，将弹出"填充路径"对话框。

"用画笔描边路径"按钮：单击此按钮，系统将使用当前的颜色和当前在"描边路径"对话框中设定的工具对路径进行描边。按住 Alt 键的同时单击此按钮，将弹出"描边路径"对话框。

"将路径作为选区载入"按钮 ：单击此按钮，将把当前路径所圈选的范围转换为选择区域。按住 Alt 键的同时单击此按钮，将弹出"建立选区"对话框。

"从选区生成工作路径"按钮 ◇：单击此按钮，将把当前的选择区域转换成路径。按住 Alt 键的同时单击此按钮，将弹出"建立工作路径"对话框。

"添加蒙版"按钮 ▣：用于为当前图层添加蒙版。

"创建新路径"按钮 ▢：用于创建一个新的路径。单击此按钮，可以创建一个新的路径。按住 Alt 键的同时单击此按钮，将弹出"新建路径"对话框。

"删除当前路径"按钮 🗑：用于删除当前路径。直接拖曳"路径"控制面板中的一个路径到此按钮上，可将整个路径全部删除。

7.2.10　新建路径

使用控制面板弹出式菜单：单击"路径"控制面板右上方的图标 ▼≡，弹出其命令菜单，选择"新建路径"命令，弹出"新建路径"对话框，如图 7-142 所示。名称：用于设定新路径的名称。

使用控制面板按钮或快捷键：单击"路径"控制面板下方的"创建新路径"按钮 ▢，可以创建一个新路径。按住 Alt 键的同时，单击"创建新路径"按钮 ▢，将弹出"新建路径"对话框，设置完成后，单击"确定"按钮创建路径。

图 7-142

7.2.11　复制、删除、重命名路径

1. 复制路径

使用面板菜单命令复制路径：单击"路径"控制面板右上方的图标 ▼≡，弹出其面板菜单，选择"复制路径"命令，弹出"复制路径"对话框，如图 7-143 所示，在"名称"选项中设置复制路径的名称，单击"确定"按钮，"路径"控制面板如图 7-144 所示。

使用控制面板按钮复制路径：在"路径"控制面板中，将需要复制的路径拖曳到下方的"创建新路径"按钮 ▢ 上，即可将所选的路径复制为一个新路径。

图 7-143

2. 删除路径

使用面板菜单命令删除路径：单击"路径"控制面板右上方的图标 ▼≡，弹出其面板菜单，选择"删除路径"命令，将路径删除。

使用控制面板按钮删除路径：在"路径"控制面板中选择需要删除的路径，单击面板下方的"删除当前路径"按钮 🗑，将选择的路径删除。

3. 重命名路径

双击"路径"控制面板中的路径名，可出现重命名路径文本框，如图 7-145 所示，更改名称后按 Enter 键即可确认，如图 7-146 所示。

图 7-144　　　　　　　　　　图 7-145　　　　　　　　　　图 7-146

7.2.12 "路径选择"工具

"路径选择"工具用于选择一个或几个路径并对其进行移动、组合、对齐、分布和变形。"路径选择"工具可以选择单个或多个路径，同时还可以用来组合、对齐和分布路径。选择"路径选择"工具 ，或反复按 Shift+A 组合键，其属性栏状态如图 7-147 所示。

图 7-147

7.2.13 "直接选择"工具

"直接选择"工具用于移动路径中的锚点或线段，还可以调整手柄和控制点。路径的原始效果如图 7-148 所示，选择"直接选择"工具 ，拖曳路径中的锚点来改变路径的弧度，如图 7-149 所示。

图 7-148

图 7-149

7.2.14 填充路径

在图像中创建路径，如图 7-150 所示，单击"路径"控制面板右上方的图标 ，在弹出式面板菜单中选择"填充路径"命令，弹出"填充路径"对话框，如图 7-151 所示。设置完成后，单击"确定"按钮，用前景色填充路径的效果如图 7-152 所示。

图 7-150

图 7-151

图 7-152

单击"路径"控制面板下方的"用前景色填充路径"按钮 ，即可填充路径。按 Alt 键的同时单击"用前景色填充路径"按钮 ，将弹出"填充路径"对话框。

7.2.15 描边路径

在图像中创建路径，如图 7-153 所示。单击"路径"控制面板右上方的图标 ，在弹出式面板菜单中选择"描边路径"命令，弹出"描边路径"对话框，选择"工具"选项下拉列表中的"画笔"工具，如图 7-154 所示，此下拉列表中共有 19 种工具可供选择，如果当前在工具箱中已经选择了"画笔"工具，该工具将自动设置在此处。另外，在"画笔"工具属性栏中设定的画笔类型也将直接影响此处的描边效果，设置好后，单击"确定"按钮，描边后的效果如图 7-155 所示。

图 7-153

图 7-154

图 7-155

单击"路径"控制面板下方的"用画笔描边路径"按钮 ⊙ ，即可描边路径。按 Alt 键的同时单击"用画笔描边路径"按钮 ⊙ ，将弹出"描边路径"对话框。

7.3 创建 3D 图形

在 Photoshop CS6 中可以将平面图层围绕各种形状预设，如立方体、球面、圆柱、锥形或金字塔等创建 3D 模型。只有将图层变为 3D 图层，才能使用 3D 工具和命令。

打开一个文件，如图 7-156 所示。选择"3D > 从图层新建网格 > 网格预设"命令，弹出图 7-157 所示的子菜单，选择需要的命令可创建不同的 3D 模型。

图 7-156　　　图 7-157

选择各命令创建出的 3D 模型如图 7-158 所示。

锥形

立方体环绕

圆柱体

圆环

帽形

金字塔

环形

图 7-158

| 汽水 | 球体 | 球面全景 | 酒瓶 |

图 7-158（续）

7.4 使用 3D 工具

在 Photoshop CS6 使用 3D 工具可以旋转、缩放或调整模型位置。当操作 3D 模型时，相机视图保持固定。

打开一张包含 3D 模型的图片，如图 7-159 所示。选中 3D 图层，选择属性栏中的"旋转 3D 对象"按钮，图像窗口中的鼠标变为 图标，上下拖曳可将模型围绕其 x 轴旋转，如图 7-160 所示；两侧拖动可将模型围绕其 y 轴旋转，效果如图 7-161 所示。按住 Alt 键的同时进行拖曳可滚动模型。

| 图 7-159 | 图 7-160 | 图 7-161 |

选择属性栏中的"滚动 3D 对象"按钮，图像窗口中的鼠标变为 图标，两侧拖曳可使模型绕 z 轴旋转，效果如图 7-162 所示。

选择属性栏中的"拖动 3D 对象"按钮，图像窗口中的鼠标变为 图标，两侧拖曳可沿水平方向移动模型，如图 7-163 所示；上下拖曳可沿垂直方向移动模型，如图 7-164 所示。按住 Alt 键的同时进行拖移可沿 x/z 轴方向移动。

| 图 7-162 | 图 7-163 | 图 7-164 |

选择属性栏中的"滑动 3D 对象"按钮，图像窗口中的鼠标变为图标，两侧拖曳可沿水平方向移动模型，如图 7-165 所示；上下拖曳可将模型移近或移远，如图 7-166 所示。按住 Alt 键的同时进行拖曳可沿 x/y 轴方向移动。

选择属性栏中的"缩放 3D 对象"按钮，图像窗口中的鼠标变为图标，上下拖曳可将模型放大或缩小，如图 7-167 所示。按住 Alt 键的同时进行拖曳可沿 z 轴方向缩放。

图 7-165

图 7-166

图 7-167

7.5 课堂练习——绘制情侣旅行插画

🔗 练习知识要点

使用"钢笔"工具绘制线条图形，使用"自定形状"工具绘制心形，使用图层样式命令为人物图片添加图层样式。

🏹 素材所在位置

云盘 /Ch07/ 素材 / 绘制情侣旅行插画 /01、02。

📁 效果所在位置

云盘 /Ch07/ 效果 / 绘制情侣旅行插画 .psd，效果如图 7-168 所示。

扫码观看
本案例视频

图 7-168

7.6　课后习题——制作生日贺卡

习题知识要点

使用"钢笔"工具绘制路径，使用"描边"命令为选区进行描边，使用"横排文字"工具输入需要的文字。

素材所在位置

云盘 /Ch07/ 素材 / 制作生日贺卡 /01。

效果所在位置

云盘 /Ch07/ 效果 / 制作生日贺卡 .psd，效果如图 7-169 所示。

图 7-169

扫码观看
本案例视频

08

第 8 章
调整图像的色彩和色调

本章介绍

本章将主要介绍调整图像的色彩与色调的多种相关命令。通过本章的学习，可以根据不同的需要应用多种调整命令对图像的色彩或色调进行细微的调整，还可以对图像进行特殊颜色的处理。

学习目标

- 掌握色阶、亮度 / 对比度、自动对比度、色彩平衡、反相等调色方法。
- 掌握变化、自动颜色、色调均化等图像处理技巧。
- 掌握自动色调、渐变映射、阴影 / 高光、色相 / 饱和度等图像处理技巧。
- 掌握可选颜色、曝光度、照片滤镜、特殊颜色处理等图像处理技巧。
- 掌握去色、阈值、色调分离、替换颜色等图像处理技巧。
- 掌握通道混合器、匹配颜色等图像处理技巧。

技能目标

- 掌握 "绿茶宣传照片" 的制作方法和技巧。
- 掌握 "运动宣传照片" 的制作方法和技巧。
- 掌握 "绿色照片" 的制作方法。
- 掌握 "暖色调生活照片" 的制作方法和技巧。
- 掌握 "特殊风景照片" 的制作方法。
- 掌握 "唯美风景画" 的制作方法。

8.1 调整图像色彩与色调

调整图像的色彩是 Photoshop CS6 的"强项"，在实际的设计制作中经常会使用到这项功能。

8.1.1 课堂案例——制作绿茶宣传照片

案例学习目标

学习使用多种调色命令调节图像颜色。

案例知识要点

使用"亮度/对比度"命令、"色彩平衡"命令调整图片颜色，使用"横排文字"工具添加主题文字，使用图层样式命令为文字添加图层样式，效果如图 8-1 所示。

图 8-1

扫码观看　　　扫码观看
本案例视频　　扩展案例

效果所在位置

云盘 /Ch08/ 效果 / 制作绿茶宣传照片 .psd。

1. 调整照片颜色

（1）按 Ctrl+O 组合键，打开云盘中的"Ch08 > 素材 > 制作绿茶宣传照片 > 01"文件，如图 8-2 所示。在"图层"控制面板中将"背景"图层拖曳到控制面板下方的"创建新图层"按钮 上进行复制，生成新的图层"背景 副本"，如图 8-3 所示。

图 8-2　　　　　　　　　图 8-3

（2）选择"图像 > 调整 > 亮度/对比度"命令，在弹出的对话框中进行设置，如图 8-4 所示，单击"确定"按钮，效果如图 8-5 所示。

（3）选择"图像 > 调整 > 色彩平衡"命令，在弹出的对话框中进行设置，如图 8-6 所示；点选"阴影"单选按钮，切换到相应的对话框中进行设置，如图 8-7 所示；点选"高光"单选按钮，切换到相应的对话框中进行设置，如图 8-8 所示，单击"确定"按钮，效果如图 8-9 所示。

图 8-4

图 8-5

图 8-6

图 8-7

图 8-8

图 8-9

2. 制作边框并添加文字

（1）新建图层并将其命名为"白边"。将前景色设为白色。选择"矩形选框"工具 ⬚，在图像窗口中拖曳鼠标绘制矩形选区，如图 8-10 所示。按 Ctrl+Shift+I 组合键，将选区反选。按 Alt+Delete 组合键，填充选区为白色，按 Ctrl+D 组合键，取消选区，效果如图 8-11 所示。

图 8-10

图 8-11

（2）将前景色设为绿色（13、103、8）。选择"横排文字"工具 T，输入需要的文字并选取文字，在属性栏中选择合适的字体并分别设置文字的大小，效果如图 8-12 所示，在"图层"控制面板中生成新的文字图层。展开"字符"控制面板进行设置，如图 8-13 所示，按 Enter 键，效果如图 8-14 所示。

图 8-12

图 8-13

图 8-14

（3）单击"图层"控制面板下方的"添加图层样式"按钮 fx，在弹出的菜单中选择"外发光"命令，弹出"图层样式"对话框，将"发光颜色"设为淡黄色（239、237、185），其他选项的设置如图 8-15 所示。选择"描边"选项，切换到相应的对话框，将"颜色"设为白色，其他选项的设置如图 8-16 所示，单击"确定"按钮，效果如图 8-17 所示。

图 8-15

图 8-16

图 8-17

（4）选择"直排文字"工具，输入需要的文字并选取文字，在属性栏中选择合适的字体并设置文字的大小，效果如图 8-18 所示，在"图层"控制面板中生成新的文字图层。

（5）在"绿茶"文字图层上单击鼠标右键，在弹出的快捷菜单中选择"拷贝图层样式"命令，在"品味人生"文字图层上单击鼠标右键，在弹出的快捷菜单中选择"粘贴图层样式"命令，效果如图 8-19 所示。用相同的方法制作其他文字效果，效果如图 8-20 所示。

（6）按 Ctrl+O 组合键，打开云盘中的"Ch08 > 素材 > 制作绿茶宣传照片 > 02"文件。选择"移动"工具，将气泡图片拖曳到图像窗口中适当的位置并调整其大小，在"图层"控制面板中生成新的图形并将其命名为"气泡"，效果如图 8-21 所示。绿茶宣传照片制作完成。

图 8-18

图 8-19

图 8-20

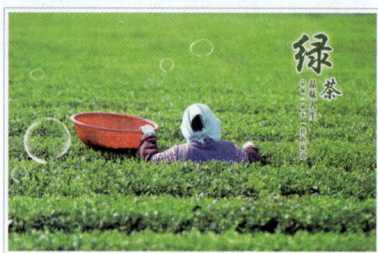
图 8-21

8.1.2 色阶

打开一幅图像，如图 8-22 所示，选择"图像 > 调整 > 色阶"命令，或按 Ctrl+L 组合键，弹出"色阶"对话框，如图 8-23 所示。

对话框中间是一个直方图，其横坐标为 0~255，表示亮度值，纵坐标为图像的像素数值。

通道：可以从其下拉列表中选择不同的颜色通道来调整图像，如果想选择两个以上的色彩通道，要先在"通道"控制面板中选择所需要的通道，再调出"色阶"对话框。

输入色阶：控制图像选定区域的最暗和最亮色彩，通过输入数值或拖曳三角滑块来调整图像。左侧的数值框和黑色滑块用于调整黑色，图像中低于该亮度值的所有像素将变为黑色。中间的数值框和灰色滑块用于调整灰度，其数值范围为

图 8-22

图 8-23

0.01~9.99。1.00 为中性灰度，数值大于 1.00 时，将降低图像中间灰度；小于 1.00 时，将提高图像中间灰度。右侧的数值框和白色滑块用于调整白色，图像中高于该亮度值的所有像素将变为白色。

调整"输入色阶"选项的 3 个滑块后，图像将产生不同色彩效果，如图 8-24 所示。

| （a） | （b） | （c） |

图 8-24

输出色阶：可以通过输入数值或拖曳三角滑块来控制图像的亮度范围。左侧数值框和黑色滑块用于调整图像的最暗像素的亮度。右侧数值框和白色滑块用于调整图像的最亮像素的亮度。输出色阶的调整将增加图像的灰度，降低图像的对比度。

调整"输出色阶"选项的 2 个滑块后，图像将产生不同色彩效果，如图 8-25 所示。

自动：可自动调整图像并设置层次。

选项：单击此按钮，将弹出"自动颜色校正选项"对话框，系统将以 0.10% 色阶来对图像进行加亮和变暗。

（a）

图 8-25

（b）

图 8-25（续）

取消：按住 Alt 键，"取消"按钮转换为"复位"按钮，单击此按钮可以将刚调整过的色阶复位还原，可以重新进行设置。

：分别为黑色吸管工具、灰色吸管工具和白色吸管工具。选中黑色吸管工具，用鼠标在图像中单击一点，图像中暗于单击点的所有像素都会变为黑色；用灰色吸管工具在图像中单击，单击点的像素都会变为灰色，图像中的其他颜色也会相应地调整；用白色吸管工具在图像中单击一点，图像中亮于单击点的所有像素都会变为白色。双击任意吸管工具，在弹出的颜色选择对话框中设置吸管颜色。

预览：勾选此复选框，可以即时显示图像的调整结果。

8.1.3　亮度 / 对比度

原始图像效果如图 8-26 所示，选择"图像 > 调整 > 亮度 / 对比度"命令，弹出"亮度 / 对比度"对话框，如图 8-27 所示。在对话框中，可以通过拖曳"亮度"和"对比度"滑块来调整图像的亮度或对比度，单击"确定"按钮，调整后的图像效果如图 8-28 所示。"亮度 / 对比度"命令调整的是整个图像的色彩。

图 8-26

图 8-27

图 8-28

8.1.4　自动对比度

"自动对比度"命令可以对图像的对比度进行自动调整。选择"图像 > 自动对比度"命令，或按 Alt+Shift+Ctrl+L 组合键，可以对图像的对比度进行自动调整。

8.1.5　色彩平衡

选择"图像 > 调整 > 色彩平衡"命令，或按 Ctrl+B 组合键，弹出"色彩平衡"对话框，如图 8-29 所示。

图 8-29

色彩平衡：用于添加过渡色来平衡色彩效果，拖曳滑块可以调整整个图像的色彩，也可以在"色阶"选项的数值框中直接输入数值来调整图像的色彩。色调平衡：用于选取图像的阴影、中间调和高光。保持明度：用于保持原图像的明度。

设置不同的色彩平衡后，图像效果如图 8-30 所示。

（a）

（b）

图 8-30

8.1.6 反相

选择"图像 > 调整 > 反相"命令，或按 Ctrl+I 组合键，可以将图像或选区的像素反转为其补色，使其出现底片效果。不同颜色模式的图像反相后的效果如图 8-31 所示。

原始图像效果   RGB 颜色模式反相后的效果   CMYK 颜色模式反相后的效果

图 8-31

> **提示**
> 反相效果是对图像的每一个色彩通道进行反相后的合成效果，不同颜色模式的图像反相后的效果是不同的。

8.1.7 课堂案例——制作运动宣传照片

案例学习目标

学习使用调色命令调整图像的色彩，应用图层蒙版编辑图像。

案例知识要点

使用"变化"命令和"亮度 / 对比度"命令调整图像颜色，使用"添加图层蒙版"按钮和"画笔"工具编辑图像，效果如图 8-32 所示。

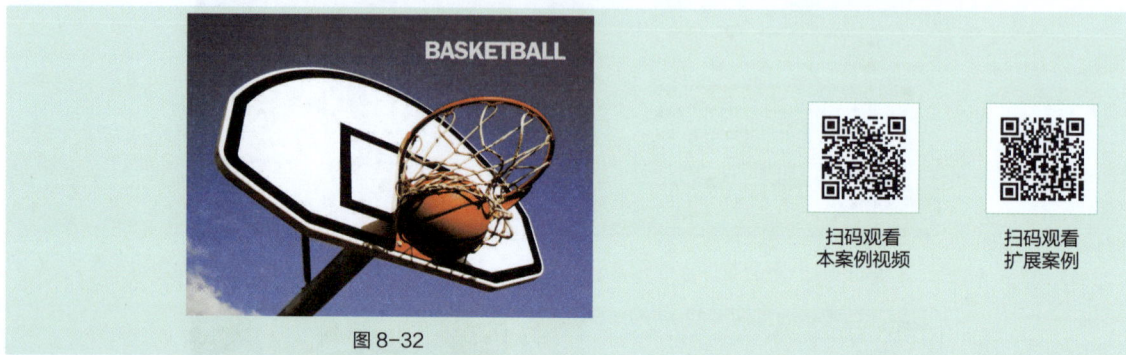

图 8-32

扫码观看
本案例视频

扫码观看
扩展案例

效果所在位置

云盘 /Ch08/ 效果 / 制作运动宣传照片 .psd。

（1）按 Ctrl+O 组合键，打开云盘中的"Ch08 > 素材 > 制作运动宣传照片 > 01"文件，如图 8-33 所示。在"图层"控制面板中将"背景"图层拖曳到控制面板下方的"创建新图层"按钮 上进行复制，生成新的图层"背景 副本"，如图 8-34 所示。

（2）选择"图像 > 调整 > 变化"命令，在弹出的"变化"对话框中单击"较暗"缩略图两次，如图 8-35 所示，单击"确定"按钮，效果如图 8-36 所示。

图 8-33

图 8-34

（3）选择"图像 > 调整 > 亮度 / 对比度"命令，在弹出的对话框中进行设置，如图 8-37 所示，单击"确定"按钮，效果如图 8-38 所示。

图 8-35

图 8-36

图 8-37

图 8-38

（4）单击"图层"控制面板下方的"添加图层蒙版"按钮 ，为"背景 副本"图层添加图层蒙版，如图 8-39 所示。将前景色设为黑色。选择"画笔"工具，在属性栏中单击"画笔"选项右侧的按钮，在弹出的画笔选择面板中选择需要的画笔形状，如图 8-40 所示。在图像窗口中拖曳鼠标擦除不需要的图像，效果如图 8-41 所示。

图 8-39

图 8-40

图 8-41

（5）将前景色设为白色。选择"横排文字"工具，输入需要的文字并选取文字，在属性栏中选择合适的字体并设置文字的大小，效果如图 8-42 所示，在"图层"控制面板中生成新的文字图层。选取需要的文字，展开"字符"控制面板，选项的设置如图 8-43 所示，按 Enter 键确认操作，效果如图 8-44 所示。运动宣传照片制作完成。

图 8-42

图 8-43

图 8-44

8.1.8 变化

选择"图像 > 调整 > 变化"命令，弹出"变化"对话框，如图 8-45 所示。

在对话框中，上方的 4 个选项，可以控制图像色彩的改变范围。下方的滑块用于设置调整的等级。左上方的两幅图像显示的是图像的原始效果和调整后的效果。左下方区域是 7 幅小图像可以选择增加不同的颜色效果，调整图像的亮度、饱和度等色彩值。右侧区域是 3 幅小图像用于调整图像的亮度。勾选"显示修剪"复选框，当图像色彩

图 8-45

调整超出色彩空间时显示超色域。

8.1.9 自动颜色

"自动颜色"命令可以对图像的色彩进行自动调整。选择"图像 > 自动颜色"命令，或按 Shift+Ctrl+B 组合键，可以对图像的色彩进行自动调整。

8.1.10 色调均化

"色调均化"命令用于调整图像或选区像素的过黑部分，使图像变得明亮，并将图像中其他的像素平均分配在亮度色谱中。选择"图像 > 调整 > 色调均化"命令，在不同的颜色模式下图像将产生不同的效果，如图 8-46 所示。

原始图像效果   RGB 色调均化的效果   CMYK 色调均化的效果   LAB 色调均化的效果

图 8-46

8.1.11 课堂案例——制作绿色照片

案例学习目标

学习使用不同的调色命令调整照片颜色。

案例知识要点

使用"魔棒"工具选取背景图像，使用"色阶"命令和"曲线"命令调整图片的背景颜色，效果如图 8-47 所示。

图 8-47

扫码观看
本案例视频

扫码观看
扩展案例

效果所在位置

云盘 /Ch08/ 效果 / 制作绿色照片 .psd。

（1）按 Ctrl+O 组合键，打开云盘中的"Ch08> 素材 > 制作绿色照片 > 01"文件，如图 8-48 所示。按 Ctrl+J 组合键，复制图层，生成新的图层并将其命名为"调色"，如图 8-49 所示。

（2）选择"魔棒"工具，在属性栏中选择"添加到选区"按钮，将"容差"选项设为 15，在图像窗口中多次单击鼠标生成选区，如图 8-50 所示。按 Ctrl+L 组合键，在弹出的"色阶"对话框中进行设置，如图 8-51 所示，单击"确定"按钮，效果如图 8-52 所示。

图 8-48　　　　　　　　图 8-49

图 8-50　　　　　　　图 8-51　　　　　　　图 8-52

（3）选择"图像 > 调整 > 曲线"命令，在弹出的"曲线"对话框中进行设置，如图 8-53 所示，单击"确定"按钮，效果如图 8-54 所示。

（4）按 Ctrl+D 组合键，取消选区，效果如图 8-55 所示。将前景色设黄绿色（232、252、184）。选择"横排文本"工具，在图像窗口中输入需要的文字并选择文字，在属性栏中选择合适的字体并设置大小，效果如图 8-56 所示，在"图层"控制面板中生成新的文字图层。绿色照片制作完成。

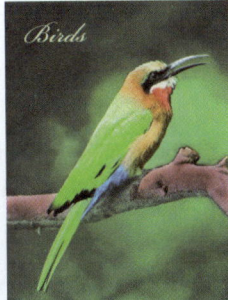

图 8-53　　　　　　图 8-54　　　　　　图 8-55　　　　　　图 8-56

8.1.12　自动色调

"自动色调"命令可以对图像的色调进行自动调整。系统将以 0.10% 的色调来对图像进行加亮和变暗。选择"图像 > 自动色调"命令或按 Shift+Ctrl+L 组合键，可以对图像的色调进行自动调整。

8.1.13 渐变映射

"渐变映射"命令用于将图像的最暗和最亮色调映射为一组渐变色中的最暗和最亮色调。

原始图像效果如图 8-57 所示，选择"图像 > 调整 > 渐变映射"命令，弹出"渐变映射"对话框，如图 8-58 所示。

图 8-57

图 8-58

灰度映射所用的渐变：用于选择不同的渐变形式。仿色：用于为转变色阶后的图像增加仿色。反向：用于将转变色阶后的图像颜色反转。

单击"灰度映射所用的渐变"选项的色带，在弹出的"渐变编辑器"对话框中设置渐变色，如图 8-59 所示。单击"确定"按钮，图像效果如图 8-60 所示。

图 8-59

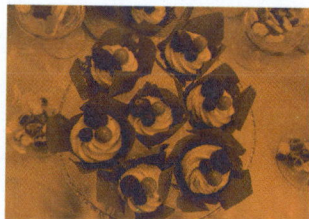

图 8-60

8.1.14 阴影 / 高光

"阴影 / 高光"命令用于快速改善图像中曝光过度或曝光不足区域的对比度，同时保持照片的整体平衡。

图像的原始效果如图 8-61 所示，选择"图像 > 调整 > 阴影 / 高光"命令，弹出"阴影 / 高光"对话框，在对话框中进行设置，如图 8-62 所示。单击"确定"按钮，效果如图 8-63 所示。

图 8-61

图 8-62

图 8-63

8.1.15 色相／饱和度

原始图像效果如图 8-64 所示，选择"图像 > 调整 > 色相／饱和度"命令，或按 Ctrl+U 组合键，弹出"色相／饱和度"对话框，在对话框中进行设置，如图 8-65 所示。单击"确定"按钮，效果如图 8-66 所示。

| 图 8-64 | 图 8-65 | 图 8-66 |

预设：用于选择要调整的色彩范围，可以通过拖曳各选项中的滑块来调整图像的色相、饱和度和明度。着色：用于在由灰度模式转化而来的色彩模式图像中填加需要的颜色。

原始图像效果如图 8-67 所示，在"色相／饱和度"对话框中进行设置，勾选"着色"复选框，如图 8-68 所示，单击"确定"按钮后图像效果如图 8-69 所示。

| 图 8-67 | 图 8-68 | 图 8-69 |

8.1.16 课堂案例——制作暖色调生活照片

案例学习目标

学习使用不同的调色命令调整图片的颜色。

案例知识要点

使用"可选颜色"命令和"曝光度"命令调整图片的颜色，使用"横排文字"工具添加文字，效果如图 8-70 所示。

图 8-70

扫码观看
本案例视频

扫码观看
扩展案例

◉ 效果所在位置

云盘 /Ch08/ 效果 / 制作暖色调生活照片 .psd。

（1）按 Ctrl+O 组合键，打开云盘中的"Ch08 > 素材 > 制作暖色调生活照片 > 01"文件，如图 8-71 所示。在"图层"控制面板中将"背景"图层拖曳到控制面板下方的"创建新图层"按钮 上进行复制，生成新的图层"背景 副本"，如图 8-72 所示。

（2）选择"图像 > 调整 > 可选颜色"命令，在弹出的对话框中进行设置，如图 8-73 所示。单击"颜色"选项右侧的按钮，在弹出的菜单中选择"黄色"选项，弹出相应的对话框，设置如图 8-74 所示。单击"颜色"选项右侧的按钮，在弹出的菜单中选择"黑色"选项，弹出相应的对话框，设置如图 8-75 所示，单击"确定"按钮，效果如图 8-76 所示。

图 8-71　　　　　　图 8-72

图 8-73　　　　　　　　图 8-74　　　　　　　　图 8-75

（3）选择"图像 > 调整 > 曝光度"命令，在弹出的对话框中进行设置，如图 8-77 所示，单击"确定"按钮，效果如图 8-78 所示。

图 8-76　　　　　　　　图 8-77　　　　　　　　图 8-78

（4）将前景色设为肤色（255、214、183）。选择"横排文字"工具，输入需要的文字并选取文字，在属性栏中选择合适的字体并设置文字的大小，效果如图 8-79 所示，在"图层"控制面板中生成新的文字图层。展开"字符"控制面板，选项的设置如图 8-80 所示，文字效果如图 8-81 所示。

（5）将前景色设为深灰色（40、3、6）。选择"横排

图 8-79　　　　　　图 8-80

文字"工具 $\boxed{T}$，单击属性栏中的"居中对齐文字"按钮 $\boxed{\equiv}$，输入需要的文字并选取文字，在属性栏中选择合适的字体并设置文字的大小，效果如图 8-82 所示，在"图层"控制面板中生成新的文字图层。展开"字符"控制面板，选项的设置如图 8-83 所示，效果如图 8-84 所示。暖色调生活照片制作完成。

图 8-81

图 8-82

图 8-83

图 8-84

8.1.17　可选颜色

"可选颜色"命令能够将图像中的颜色替换成选择后的颜色。

原始图像效果如图 8-85 所示，选择"图像 > 调整 > 可选颜色"命令，弹出"可选颜色"对话框，在对话框中进行设置，如图 8-86 所示。单击"确定"按钮，调整后的图像效果如图 8-87 所示。

颜色：在其下拉列表中可以选择图像中含有的不同色彩，可以通过拖曳滑块调整青色、洋红、黄色、黑色的百分比。方法：确定调整方法是"相对"还是"绝对"。

图 8-85

图 8-86

图 8-87

8.1.18　曝光度

原始图像效果如图 8-88 所示，选择"图像 > 调整 > 曝光度"命令，弹出"曝光度"对话框，在对话框中进行设置，如图 8-89 所示。单击"确定"按钮，即可调整图像的曝光度，效果如图 8-90所示。

图 8-88

图 8-89

图 8-90

曝光度：调整色彩范围的高光端，对极限阴影的影响很轻微。位移：使阴影和中间调变暗，对高光的影响很轻微。灰度系数校正：使用乘方函数调整图像灰度系数。

8.1.19　照片滤镜

"照片滤镜"命令用于模仿传统相机的滤镜效果处理图像，通过调整图片颜色可以获得各种丰富的效果。打开一幅图片，选择"图像 > 调整 > 照片滤镜"命令，弹出"照片滤镜"对话框，如图 8-91 所示。

滤镜：用于选择颜色调整的过滤模式。颜色：单击此选项的图标，弹出"拾色器（照片滤镜颜色）"对话框，可以在对话框中设置精确颜色对图像进行过滤。浓度：拖曳此选项的滑块，设置过滤颜色的百分比。保留明度：勾选此复选框进行调整时，图片的白色部分颜色保持不变；取消勾选此复选框进行调整，则图片的全部颜色都随之改变，效果如图 8-92 所示。

图 8-91

（a）　　　　　　　　　　　　　　　　（b）

图 8-92

8.2 特殊颜色处理

应用特殊颜色处理命令可以使图像产生丰富的变化。

8.2.1　课堂案例——制作特殊风景照片

案例学习目标

学习使用不同的调色命令调整风景画的颜色，使用特殊颜色处理命令制作特殊效果。

案例知识要点

使用"色调分离"命令和"曲线"命令调整图像颜色，使用"去色"命令、"阈值"命令和"通道混合器"命令改变图像整体颜色，效果如图 8-93 所示。

图 8-93

扫码观看
本案例视频

扫码观看
扩展案例

⊙ 效果所在位置

云盘 /Ch08/ 效果 / 制作特殊风景照片 .psd。

1. 调整图片颜色

（1）按 Ctrl+O 组合键，打开云盘中的"Ch08 > 素材 > 制作特殊风景照片 > 01"文件，如图 8-94 所示。将"背景"图层拖曳到"图层"控制面板下方的"创建新图层"按钮 ⬚ 上进行复制，生成新的图层"背景 副本"，如图 8-95 所示。单击"背景 副本"图层左侧的眼睛图标 👁，将该图层隐藏，如图 8-96 所示。

（2）选中"背景"图层。单击"图层"控制面板下方的"创建新的填充或调整图层"按钮 ◑，在弹出的菜单中选择"色调分离"命令，在"图层"控制面板中生成"色调分离 1"图层，同时在相应的"属性"控制面板中进行设置，如图 8-97 所示，按 Enter 键，效果如图 8-98 所示。

（3）单击"图层"控制面板下方的"创建新的填充或调整图层"按钮 ◑，在弹出的菜单中选择"曲线"命令，在"图层"控制面板中生成"曲线 1"图层，同时在相应的"属性"控制面板中进行设置，如图 8-99 所示，按 Enter 键，效果如图 8-100 所示。

图 8-94

图 8-95

图 8-96

图 8-97

图 8-98

图 8-99

图 8-100

（4）选中并显示"背景 副本"图层。在"图层"控制面板上方将"背景 副本"图层的"混合模式"选项设为"正片叠底"，如图 8-101 所示，图像效果如图 8-102 所示。

（5）按 Ctrl+O 组合键，打开云盘中的"Ch08 > 素材 > 制作特殊风景照片 > 02"文件，选择"移动"工具 ⊕，将图片拖曳到图像窗口

图 8-101

图 8-102

中适当的位置，效果如图 8-103 所示，在"图层"控制面板中生成新的图层并将其命名为"天空"。

（6）单击"图层"控制面板下方的"添加图层蒙版"按钮 ，为"天空"图层添加图层蒙版。将前景色设为黑色。选择"画笔"工具 ，在属性栏中单击"画笔"选项右侧的按钮 ，在弹出的画笔选择面板中选择需要的画笔形状，如图 8-104 所示。在天空图像上拖曳鼠标擦除不需要的图像，效果如图 8-105 所示。

图 8-103　　　　　　　　　图 8-104　　　　　　　　图 8-105

2. 调整图像整体颜色

（1）在"图层"控制面板中，按住 Shift 键的同时单击"背景"图层，选中"天空"图层和"背景"图层之间的所有图层，如图 8-106 所示。并将其拖曳到控制面板下方的"创建新图层"按钮 上进行复制，生成新的副本图层。按 Ctrl+E 组合键，合并复制的图层并将其命名为"天空 副本"，如图 8-107 所示。选择"图像 > 调整 > 去色"命令，将图片去色，效果如图 8-108 所示。

（2）在"图层"控制面板上方将"天空 副本"图层的"混合模式"选项设为"柔光"，如图 8-109 所示，图像效果如图 8-110 所示。

图 8-106　　　　　　图 8-107　　　　　　　图 8-108　　　　　　图 8-109

（3）单击"图层"控制面板下方的"创建新的填充或调整图层"按钮 ，在弹出的菜单中选择"阈值"命令，在"图层"控制面板中生成"阈值 1"图层，同时在相应的"属性"控制面板中进行设置，如图 8-111 所示，按 Enter 键，效果如图 8-112 所示。将"阈值 1"图层的"混合模式"选项设为"柔光"，图像效果如图 8-113 所示。

（4）单击"图层"控制面板下方的"创建新的填充或调整图层"按钮 ，在弹出的菜单中选择"通道混合器"命令，在"图层"控制面板中生成"通道混合器 1"图层，同时在相应的"属性"控制面板中进行设置，如图 8-114 所示，按 Enter 键，效果如图 8-115 所示。特殊色彩的风景画制作完成。

图 8-110　　　　　　　　　图 8-111

图 8-112 　　　　　 图 8-113 　　　　　 图 8-114 　　　　　 图 8-115

8.2.2　去色

选择"图像 > 调整 > 去色"命令，或按 Shift+Ctrl+U 组合键，可以去掉图像中的色彩，使图像变为灰度图，但图像的颜色模式并不改变。"去色"命令可以对图像的选区使用，对选区中的图像进行去掉图像色彩的处理。

8.2.3　阈值

"阈值"命令可以提高图像色调的反差度。

原始图像效果如图 8-116 所示，选择"图像 > 调整 > 阈值"命令，弹出"阈值"对话框，在对话框中拖曳滑块或在"阈值色阶"选项的数值框中输入数值，可以改变图像的阈值，系统将使大于阈值的像素变为白色，小于阈值的像素变为黑色，使图像具有高度反差，如图 8-117 所示。单击"确定"按钮，图像效果如图 8-118 所示。

图 8-116 　　　　　 图 8-117 　　　　　 图 8-118

8.2.4　色调分离

"色调分离"命令用于将图像中的色调进行分离，主要用于减少图像中的灰度。

原始图像效果如图 8-119 所示，选择"图像 > 调整 > 色调分离"命令，弹出"色调分离"对话框，如图 8-120 所示进行设置，单击"确定"按钮，图像效果如图 8-121 所示。

图 8-119 　　　　　 图 8-120 　　　　　 图 8-121

色阶：可以指定色阶数，系统将以 256 阶的亮度对图像中的像素亮度进行分配。色阶数值越大，图像产生的变化越小。

8.2.5 替换颜色

"替换颜色"命令能够将图像中的颜色进行替换。原始图像效果如图 8-122 所示，选择"图像 > 调整 > 替换颜色"命令，弹出"替换颜色"对话框。用吸管工具在盘子图像中吸取要替换的盘子红色，单击"替换"选项组中"结果"选项的颜色图标，弹出"拾色器（结果颜色）"对话框。将要替换的颜色设置为蓝色，设置"替换"选项组中其他的选项，调整图像的色相、饱和度和明度，如图 8-123 所示。单击"确定"按钮，盘子中的红色被替换为蓝色，效果如图 8-124 所示。

图 8-122 图 8-123 图 8-124

颜色容差：数值越大吸管工具取样的颜色范围越大，在"替换"选项组中调整图像颜色的效果越明显。选区：选中此单选按钮，可以创建蒙版。

8.2.6 课堂案例——制作唯美风景画

案例学习目标

学习使用调色命令调节图像颜色。

案例知识要点

使用"通道混合器"命令和"黑白"命令调整图像，效果如图 8-125 所示。

图 8-125

扫码观看
本案例视频

扫码观看
扩展案例

效果所在位置

云盘 /Ch08/ 效果 / 制作唯美风景画 .psd。

（1）按 Ctrl+O 组合键，打开云盘中的"Ch08 > 素材 > 制作唯美风景画 > 01"文件，如图 8-126 所示。在"图层"控制面板中将"背景"图层拖曳到控制面板下方的"创建新图层"按钮 上进行复制，生成新的图层"背景 副本"，如图 8-127 所示。

图 8-126

图 8-127

图 8-128

（2）选择"图像 > 调整 > 通道混合器"命令，在弹出的对话框中进行设置，如图 8-128 所示。单击"确定"按钮，效果如图 8-129 所示。

（3）按 Ctrl+J 组合键，复制"背景 副本"图层，生成新的图层并将其命名为"黑白"。选择"图像 > 调整 > 黑白"命令，在弹出的对话框中进行设置，如图 8-130 所示，单击"确定"按钮，效果如图 8-131 所示。

图 8-129

（4）在"图层"控制面板上方将"黑白"图层的"混合模式"选项设为"滤色"，如图 8-132 所示，图像效果如图 8-133 所示。

图 8-130

图 8-131

图 8-132

（5）按 Shift+Ctrl+E 组合键，盖印图层并将其命名为"效果"。选择"图像 > 调整 > 色相 / 饱和度"命令，在弹出的对话框中进行设置，如图 8-134 所示，单击"确定"按钮，效果如图 8-135 所示。唯美风景画制作完成。

图 8-133

图 8-134

图 8-135

8.2.7　通道混合器

　　原始图像效果如图 8-136 所示，选择"图像 > 调整 > 通道混合器"命令，弹出"通道混合器"对话框，在对话框中进行设置，如图 8-137 所示。单击"确定"按钮，图像效果如图 8-138 所示。

图 8-136

图 8-137

图 8-138

　　输出通道：可以选取要修改的通道。源通道：通过拖曳滑块来调整图像。常数：也可以通过拖曳滑块调整图像。单色：可创建灰度模式的图像。

8.2.8　匹配颜色

　　"匹配颜色"命令用于对色调不同的图片进行调整，统一成一个协调的色调。打开两张不同色调的图片，如图 8-139 和图 8-140 所示。

图 8-139

图 8-140

　　选择需要调整的图片，选择"图像 > 调整 > 匹配颜色"命令，弹出"匹配颜色"对话框，在"源"选项中选择匹配文件的名称，再设置其他各选项，如图 8-141 所示，单击"确定"按钮，效果如图 8-142 所示。

　　目标图像：在"目标"选项中显示了所选择匹配文件的名称。如果当前调整的图中有选区，勾选"应用调整时忽略选区"复选框，可以忽略图中的选区调整整张图像的颜色；不勾选"应用调整时忽略选区"复选框，可以调整图像中选区内的颜色，效果如图 8-143 和图 8-144 所示。图像选项：可以通过拖动滑块来调整图像的明亮度、颜色强度、渐隐的数值，并设置"中和"选项，用来确定调整的方式。图像统计：用于设置图像的颜色来源。

图 8-141

图 8-142

图 8-143

图 8-144

8.3　课堂练习——制作时尚版画

练习知识要点

使用"阈值"命令调整图像效果，使用"移动"工具添加文字。

素材所在位置

云盘 /Ch08/ 素材 / 制作时尚版画 /01、02。

效果所在位置

云盘 /Ch08/ 效果 / 制作时尚版画 .psd，效果如图 8-145 所示。

图 8-145

扫码观看
本案例视频

8.4　课后习题——制作夏日风格照片

习题知识要点

使用"曲线"命令、"色彩平衡"命令和"可选颜色"命令调整图像色调，使用"横排文字"工具添加文字。

素材所在位置

云盘 /Ch08/ 素材 / 制作夏日风格照片 /01。

效果所在位置

云盘 /Ch08/ 效果 / 制作夏日风格照片 .psd，效果如图 8-146 所示。

图 8-146

扫码观看
本案例视频

09

第9章
图层的应用

本章介绍

本章将主要介绍图层的基本应用知识及应用技巧，讲解图层的基本概念、基础调整方法以及图层混合模式、样式、智能对象图层等高级应用知识。通过本章的学习可以应用图层知识制作出多变的图像效果，可以对图像快速添加样式效果，还可以单独对智能对象图层进行编辑。

学习目标

- ✔ 掌握图层混合模式的应用技巧。
- ✔ 掌握"样式"控制面板、图层样式的使用技巧。
- ✔ 掌握填充图层和调整图层的应用方法。
- ✔ 了解图层复合、盖印图层与智能对象图层。

技能目标

- ✳ 掌握"合成特效"的制作方法。
- ✳ 掌握"3D金属效果"的制作方法。
- ✳ 掌握"日系暖色调照片"的制作方法。

9.1　图层的混合模式

图层混合模式在图像处理及效果制作中被广泛应用，特别是在多个图像合成方面更有其独特的作用及灵活性。

9.1.1　课堂案例——制作合成特效

案例学习目标

学习使用图层混合模式制作合成特效。

案例知识要点

使用图层混合模式、图层蒙版和"画笔"工具制作图片融合，使用"横排文字"工具和图层样式命令添加文字，效果如图 9-1 所示。

图 9-1

扫码观看
本案例视频

扫码观看
扩展案例

效果所在位置

云盘 /Ch09/ 效果 / 制作合成特效 .psd。

（1）按 Ctrl+O 组合键，打开云盘中的"Ch09 > 素材 > 制作合成特效"中的 01 和 02 文件，如图 9-2 和图 9-3 所示。选择"移动"工具，将 02 图片拖曳到 01 图像窗口中的适当位置，并调整其大小。在"图层"控制面板中生成新的图层并将其命名为"人物"。

（2）在"图层"控制面板上方，将该图层的"混合模式"选项设为"叠加"，如图 9-4 所示，图像效果如图 9-5 所示。

（3）单击"图层"控制面板下方的"添加图层蒙版"按钮，为图层添加蒙版，如图 9-6 所示。将前景色设为黑色。选择"画笔"工具，在属性栏中单击"画笔"选项右侧的按钮，在弹出的画笔选择面板中进行设置，如图 9-7 所示，在图像窗口中拖曳鼠标擦除不需要的图像，效果如图 9-8 所示。

图 9-2

图 9-3

图 9-4

图 9-5

图 9-6

图 9-7

图 9-8

（4）选择"横排文本"工具 T，在图像窗口中输入需要的文字并选取文字，在属性栏中选择合适的字体并设置大小，效果如图 9-9 所示，在"图层"控制面板中生成新的文字图层。选择"窗口 > 字符"命令，在弹出的"字符"控制面板中进行设置，如图 9-10 所示，按 Enter 键确认操作，文字效果如图 9-11 所示。

（5）单击"图层"控制面板下方的"添加图层样式"按钮 fx，在弹出的菜单中选择"外发光"命令，在弹出的对话框中进行设置，如图 9-12 所示，单击"确定"按钮，效果如图 9-13 所示。合成特效制作完成。

图 9-9

图 9-10

图 9-11

图 9-12

图 9-13

9.1.2 应用图层混合模式

图层混合模式中的各种样式设置，决定了当前图层中的图像与其下面图层中的图像以何种模式进行混合。

　　图层的"混合模式"选项用于为图层设置不同的模式，使图层产生不同的混合效果。在"图层"控制面板中，"混合模式"选项 正常 用于设定图层的混合模式，它包含 27 种模式。打开一幅图像，如图 9-14 所示，"图层"控制面板中的效果如图 9-15 所示。

　　在对"人物"图层应用不同的混合模式后，图像效果如图 9-16 所示。

图 9-14

图 9-15

正常	溶解	变暗	正片叠底	颜色加深
线性加深	深色	变亮	滤色	颜色减淡
线性减淡（添加）	浅色	叠加	柔光	强光
亮光	线性光	点光	实色混合	差值

图 9-16

排除　　　　　　減去　　　　　　划分　　　　　　色相　　　　　　饱和度

颜色　　　　　　明度

图 9-16（续）

9.2　图层样式

图层样式命令用于为图层添加不同的效果，使图层中的图像产生丰富的变化效果。

9.2.1　课堂案例——制作 3D 金属效果

案例学习目标

为文字添加不同的图层样式效果，制作文字的特殊效果。

案例知识要点

使用"横排文字"工具添加文字，使用图层样式命令和剪贴蒙版制作文字效果，最终效果如图 9-17 所示。

效果所在位置

云盘 /Ch09/ 效果 / 制作 3D 金属效果 .psd。

图 9-17

扫码观看
本案例视频

扫码观看
扩展案例

（1）按 Ctrl+O 组合键，打开云盘中的"Ch09 > 素材 > 制作 3D 金属效果 > 01"文件，如图 9-18 所示。将前景色设为黑色。选择"横排文字"工具 T_，在适当的位置输入文字并选取文字，在属性栏中选择合适的字体并设置文字大小，效果如图 9-19 所示。在"图层"控制面板中生成新的文字图层并将其命名为"3D"。

图 9-18　　　　　　　　　　　图 9-19

（2）单击"图层"控制面板下方的"添加图层蒙版"按钮 ▣，为"3D"图层添加图层蒙版，如图 9-20 所示。选择"矩形选框"工具 ▣，在图像窗口中绘制矩形选区，如图 9-21 所示。按 Alt+Delete 组合键，用前景色填充选区，按 Ctrl+D 组合键，取消选区，效果如图 9-22 所示。

图 9-20　　　　　　　图 9-21　　　　　　　图 9-22

（3）单击"图层"控制面板下方的"添加图层样式"按钮 fx_，在弹出的菜单中选择"斜面和浮雕"命令，弹出对话框，选项的设置如图 9-23 所示。选择对话框左侧的"等高线"选项，切换到相应的对话框，单击"等高线"选项右侧的按钮 ▾，在其下拉列表中选择"半圆"选项，其他选项的设置如图 9-24 所示。

（4）选择"内发光"选项，切换到相应的对话框，将"发光颜色"设为黑色，其他选项的设置如图 9-25 所示。选择"渐变叠加"选项，切换到相应的对话框，将渐变色设为黑色到白色，其他选项的设置如图 9-26 所示。

图 9-23　　　　　　　　　　　　　　　　　图 9-24

图 9-25

图 9-26

（5）选择"投影"选项，切换到相应的对话框，选项的设置如图 9-27 所示，单击"确定"按钮，效果如图 9-28 所示。

（6）按 Ctrl+O 组合键，打开云盘中的"Ch09 > 素材 > 制作 3D 金属效果 > 02"文件，如图 9-29 所示。

图 9-27

图 9-28

图 9-29

（7）选择"移动"工具 ，将 02 图片拖曳到 01 图像窗口中适当的位置并调整其大小，效果如图 9-30 所示。在"图层"控制面板中生成新的图层并将其命名为"纹理"。

（8）单击"图层"控制面板下方的"添加图层样式"按钮 ，在弹出的菜单中选择"混合选项"命令，在弹出的对话框中进行设置，如图 9-31 所示。单击"确定"按钮，图像效果如图 9-32 所示。

图 9-30

图 9-31

图 9-32

（9）在"图层"控制面板中，按住 Alt 键的同时将鼠标光标放在"3D"图层和"纹理"图层的中间，光标变为 ，如图 9-33 所示。单击鼠标，创建剪贴蒙版，图像效果如图 9-34 所示。

（10）选择"横排文字"工具 ，输入需要的文字并选取文字，在属性栏中选择合适的字体并设置文字大小，效果如图 9-35 所示。在"图层"控制面板中生成新的文字图层。

图 9-33

图 9-34

图 9-35

（11）单击"图层"控制面板下方的"添加图层样式"按钮 fx.，在弹出的菜单中选择"斜面和浮雕"命令，在弹出的对话框中进行设置，如图 9-36 所示。

（12）选择对话框左侧的"等高线"选项，切换到相应的对话框，单击"等高线"选项右侧的按钮，在其下拉列表中选择"半圆"选项，其他选项的设置如图 9-37 所示。选择"内发光"选项，切换到相应的对话框，将"发光颜色"设为黑色，其他选项的设置如图 9-38 所示。

图 9-36

（13）选择"渐变叠加"选项，切换到相应的对话框，将渐变色设为黑色到白色，其他选项的设置如图 9-39 所示。选择"投影"选项，切换到相应的对话框，选项的设置如图 9-40 所示。单击"确定"按钮，效果如图 9-41 所示。

图 9-37

图 9-38

图 9-39

图 9-40

（14）将"纹理"图层拖曳到"图层"控制面板下方的"创建新图层"按钮 上进行复制，生成新的图层"纹理 副本"。将"纹理 副本"图层拖曳到"Adobe Photoshop"图层的上方，如图 9-42 所示。选择"移动"工具 ，在图像窗口中拖曳图片到适当的位置并调整其大小，效果如图 9-43 所示。

| 图 9-41 | 图 9-42 | 图 9-43 |

（15）按住 Alt 键的同时，将鼠标光标放在"Adobe Photoshop"图层和"纹理 副本"图层的中间，光标变为 ，如图 9-44 所示。单击鼠标，创建剪贴蒙版，图像效果如图 9-45 所示。

（16）将前景色设为白色。选择"直排文字"工具 ，输入需要的文字并选取文字，在属性栏中选择合适的字体并设置文字大小，效果如图 9-46 所示。在"图层"控制面板中生成新的文字图层，如图 9-47 所示。

| 图 9-44 | 图 9-45 | 图 9-46 | 图 9-47 |

（17）在"Adobe Photoshop"图层上单击鼠标右键，在弹出的快捷菜单中选择"拷贝图层样式"命令。在"I like it,I used it"图层上单击鼠标右键，在弹出的快捷菜单中选择"粘贴图层样式"命令，效果如图 9-48 所示。

（18）将前景色设为黑色。选择"横排文字"工具 ，输入文字并选取文字，在属性栏中选择合适的字体并设置文字大小，效果如图 9-49 所示。在"图层"控制面板中生成新的文字图层。

（19）在"PS"图层上单击鼠标右键，在弹出的快捷菜单中选择"粘贴图层样式"命令，效果如图 9-50 所示。

（20）将"纹理"图层拖曳到"图层"控制面板下方的"创建新图层"按钮 上进行复制，生成新的图层"纹理 副本 2"。将图层"纹理 副本 2"拖曳到"PS"图层的上方。选择"移动"工具 ，在图像窗口中拖曳图片到适当的位置并调整其大小，效果如图 9-51 所示。

| 图 9-48 | 图 9-49 | 图 9-50 | 图 9-51 |

（21）在"图层"控制面板中，按住 Alt 键的同时将鼠标光标放在"PS"图层和"纹理 拷贝 2"图层的中间，光标变为↓□，单击鼠标，创建剪贴蒙版，图像效果如图 9-52 所示。

（22）单击"图层"控制面板下方的"创建新的填充或调整图层"按钮 ⊘，在弹出的菜单中选择"色阶"命令，在"图层"控制面板中生成"色阶 1"图层，同时弹出相应的"属性"控制面板，选项的设置如图 9-53 所示，效果如图 9-54 所示。

（23）将前景色设为黑色。选择"横排文字"工具 T，在图像窗口中分别输入文字并选取文字，在属性栏中分别选择合适的字体并设置文字大小，如图 9-55 所示。在"图层"控制面板中生成新的文字图层。3D 金属效果制作完成，效果如图 9-56 所示。

图 9-52　　　　　　　图 9-53

图 9-54　　　　　　　图 9-55　　　　　　　图 9-56

9.2.2　"样式"控制面板

"样式"控制面板用于存储各种图层特效，并将其快速地套用在要编辑的对象中。

打开一幅图像，选择要添加样式的图层，如图 9-57 所示。选择"窗口 > 样式"命令，弹出"样式"控制面板，单击控制面板右上方的图标 ▼≡，在弹出的面板菜单中选择"文字效果 2"命令，弹出提示对话框，如图 9-58 所示，单击"确定"按钮，样式被载入控制面板中，选择"鲜红色斜面"样式，如图 9-59 所示，图形被添加上样式，效果如图 9-60 所示。

图 9-57　　　　　　　图 9-58　　　　　　　图 9-59

样式添加完成后，"图层"控制面板中的效果如图 9-61 所示。如果要删除其中某个样式，将其直接拖曳到控制面板下方的"删除图层"按钮 🗑 上即可，如图 9-62 所示，删除后的效果如图 9-63 所示。

图 9-60　　　　　　　　图 9-61　　　　　　　　图 9-62　　　　　　　　图 9-63

9.2.3　应用图层样式

Photoshop CS6 提供了多种图层样式可供选择，可以单独为图像添加一种样式，还可同时为图像添加多种样式。

单击"图层"控制面板右上方的图标 ，将弹出其面板菜单，选择"混合选项"命令，弹出"图层样式"对话框，如图 9-64 所示。此对话框用于对当前图层进行特殊效果的处理。单击对话框左侧的任意选项，将弹出相应的效果对话框。还可以单击"图层"控制面板下方的"添加图层样式"按钮 fx.，弹出其菜单命令，如图 9-65 所示。

图 9-64　　　　　　　　　　　　　图 9-65

"斜面和浮雕"命令用于使图像产生一种倾斜与浮雕的效果，"描边"命令用于为图像描边，"内阴影"命令用于使图像内部产生阴影效果，效果如图 9-66 所示。

斜面和浮雕　　　　　　　　描边　　　　　　　　内阴影

图 9-66

"内发光"命令用于在图像的边缘内部产生一种辉光效果，"光泽"命令用于使图像产生一种光泽的效果，"颜色叠加"命令用于使图像产生一种颜色叠加效果，效果如图 9-67 所示。

| 内发光 | 光泽 | 颜色叠加 |

图 9-67

　　"渐变叠加"命令用于使图像产生一种渐变叠加效果，"图案叠加"命令用于在图像上添加图案效果，效果如图 9-68 所示。"外发光"命令用于在图像的边缘外部产生一种辉光效果，"投影"命令用于使图像产生阴影效果，效果如图 9-69 所示。

| 渐变叠加 | 图案叠加 | 外发光 | 投影 |

图 9-68　　　　　　　　　　　　　　　　　　图 9-69

9.3　填充和调整图层

　　使用"创建新的填充或调整图层"按钮或相应的菜单命令可以通过多种方式对图像进行填充和调整，使图像产生不同的效果。

9.3.1　课堂案例——制作日系暖色调照片

案例学习目标

学习使用填充和调整图层调整照片。

案例知识要点

使用图层混合模式调整照片的显示，使用曲线、色相/饱和度、可选颜色和照片滤镜调整层调整照片，效果如图 9-70 所示。

扫码观看
本案例视频

扫码观看
扩展案例

图 9-70

◎ 效果所在位置

云盘 /Ch09/ 效果 / 制作日系暖色调照片 .psd。

（1）按 Ctrl+O 组合键，打开云盘中的"Ch09 > 素材 > 制作日系暖色调照片 > 01"文件，如图 9-71 所示。按 Ctrl+J 组合键，复制"背景"图层生成"图层 1"，如图 9-72 所示。

（2）设置"图层 1"的混合模式为"滤色"，"不透明度"为 60%，如图 9-73 所示，效果如图 9-74 所示。

图 9-71　　　　　　图 9-72　　　　　　图 9-73　　　　　　图 9-74

（3）单击"图层"控制面板下方的"创建新的填充或调整图层"按钮 ◎.，在弹出的菜单中选择"曲线"命令，在"图层"控制面板中生成"曲线 1"图层，同时弹出"曲线"面板，选择"红"通道，选项的设置如图 9-75 所示；选择"绿"通道，选项的设置如图 9-76 所示；选择"蓝"通道，选项的设置如图 9-77 所示，效果如图 9-78 所示。

图 9-75　　　　　　图 9-76　　　　　　图 9-77　　　　　　图 9-78

（4）单击"图层"控制面板下方的"创建新的填充或调整图层"按钮 ◎.，在弹出的菜单中选择"色相 / 饱和度"命令，在"图层"控制面板中生成"色相 / 饱和度 1"图层，同时弹出"色相 / 饱和度"面板，选项的设置如图 9-79 所示，效果如图 9-80 所示。

图 9-79　　　　　　图 9-80

（5）单击"图层"控制面板下方的"创建新的填充或调整图层"按钮 ◎.，在弹出的菜单中选择"可选颜色"命令，在"图层"控制面板中生成"可选颜色 1"图层，同时弹出"可选颜色"面板，选项的设置如图 9-81 所示，效果如图 9-82 所示。

图 9-81 　　　　　　　　　　　图 9-82

（6）单击"图层"控制面板下方的"创建新的填充或调整图层"按钮 ，在弹出的菜单中选择"照片滤镜"命令，在"图层"控制面板中生成"照片滤镜 1"图层，同时弹出"照片滤镜"面板，设置颜色为黄色（其 R、G、B 的值分别为 225、219、77），其他选项的设置如图 9-83 所示，效果如图 9-84 所示。日系暖色调照片制作完成。

图 9-83 　　　　　　　　　　　图 9-84

9.3.2　填充图层

当需要新建填充图层时，选择"图层 > 新建填充图层"命令，其子菜单如图 9-85 所示，单击其中一个子菜单命令，将弹出"新建图层"对话框，如图 9-86 所示，单击"确定"按钮，将根据选择的填充方式弹出不同的填充对话框。单击"图层"控制面板下方的"创建新的填充和调整图层"按钮 ，从弹出的菜单中选择填充图层的 3 种方式之一，也可以创建填充图层并弹出相应的填充对话框。以"渐变填充"为例，弹出的对话框如图 9-87 所示，单击"确定"按钮，"图层"控制面板和图像的效果如图 9-88 和图 9-89 所示。

图 9-85 　　　　　　　　　　　图 9-86

图 9-87 　　　　　　　　图 9-88 　　　　　　　　图 9-89

9.3.3　调整图层

当需要对一个或多个图层进行色彩调整时，选择"图层 > 新建调整图层"命令，其子菜单如图 9-90

所示，单击其中一个子菜单命令，将弹出"新建图层"对话框，如图 9-91 所示，单击"确定"按钮，将根据选择的调整方式弹出相应的"属性"控制面板。单击"图层"控制面板下方的"创建新的填充或调整图层"按钮 ，从弹出的菜单中选择调整图层的多种方式之一，也可以创建调整图层并弹出相应的"属性"控制面板。以"色相 / 饱和度"为例，弹出的控制面板如图 9-92 所示，按 Enter 键，"图层"控制面板和图像的效果如图 9-93 和图 9-94 所示。

图 9-90

图 9-91

图 9-92

图 9-93

图 9-94

9.4 图层复合、盖印图层与智能对象图层

应用图层复合、盖印图层、智能对象图层命令可以提高制作图像的效率，快速地得到制作过程中的步骤效果。

9.4.1 图层复合

将同一文件中的不同图层效果组合并另存为多个"图层效果组合"，可以对不同的图层复合中的效果进行比对。

1. 图层复合与图层复合控制面板

"图层复合"控制面板可将同一文件中的不同图层效果组合并另存为多个"图层效果组合"，这样可以更加方便、快捷地展示和比较不同图层组合设计的视觉效果。

设计好的图像效果如图 9-95 所示，"图层"控制面板中的效果如图 9-96 所示。选择"窗口 > 图层复合"命令，弹出"图层复合"控制面板，如图 9-97 所示。

2. 创建图层复合

单击"图层复合"控制面板右上方的图标 ，在弹出式面板菜单中选择"新建图层复合"命令，

弹出"新建图层复合"对话框，如图 9-98 所示，单击"确定"按钮，建立"图层复合 1"，如图 9-99 所示，所建立的"图层复合 1"中存储的是当前的制作效果。

图 9-95　　　　　　图 9-96　　　　　　　图 9-97　　　　　　　　　图 9-98

再对图像进行修饰和编辑，图像效果如图 9-100 所示，"图层"控制面板如图 9-101 所示。选择"新建图层复合"命令，建立"图层复合 2"，如图 9-102 所示，所建立的"图层复合 2"中存储的是修饰编辑后的制作效果。

图 9-99　　　　　　图 9-100　　　　　　　图 9-101　　　　　　图 9-102

3. 应用和查看图层复合

在"图层复合"控制面板中单击"图层复合 1"左侧的方框，显示▣图标，如图 9-103 所示，可以观察"图层复合 1"中的图像，效果如图 9-104 所示。单击"图层复合 2"左侧的方框，显示▣图标，如图 9-105 所示，可以观察"图层复合 2"中的图像，效果如图 9-106 所示。

单击"应用选中的上一图层复合"按钮 ◀ 和"应用选中的下一图层复合"按钮 ▶，可以快速地对两次的图像编辑效果进行比较。

图 9-103　　　　　　图 9-104　　　　　　图 9-105　　　　　　图 9-106

9.4.2　盖印图层

盖印图层是将图像窗口中所有当前显示出来的图像合并到一个新的图层中。

在"图层"控制面板中选中一个可见图层，如图 9-107 所示，单击 Ctrl+Alt+Shift+E 组合键，将每个图层中的图像复制并合并到一个新的图层中，如图 9-108 所示。

图 9-107

图 9-108

> **提示**
>
> 在执行盖印图层的操作时，必须选择一个可见的图层，否则将无法实现此操作。

9.4.3　智能对象图层

智能对象全称为智能对象图层。智能对象可以将一个或多个图层，甚至是一个矢量图形文件包含在 Photoshop 文件中。以智能对象形式嵌入 Photoshop 文件中的位图或矢量图形文件，与当前的 Photoshop 文件能够保持相对的独立性。当对 Photoshop 文件进行修改或对智能对象进行变形、旋转时，不会影响嵌入的位图或矢量图形文件。

1. 创建智能对象

使用置入命令：选择"文件 > 置入"命令为当前的图像文件置入一个矢量图形文件或位图文件。

使用转换为智能对象命令：选中一个或多个图层后，选择"图层 > 智能对象 > 转换为智能对象"命令，可以将选中的图层转换为智能对象图层。

使用粘贴命令：先在 Illustrator 软件中对矢量对象进行复制，再回到 Photoshop 软件中将复制的对象进行粘贴。

智能对象以及"图层"控制面板中的效果如图 9-109 和图 9-110 所示。

2. 编辑智能对象

双击"植物"图层的缩览图，Photoshop CS6 将打开一个新文件，即智能对象"植物"，如图 9-111 所示。此智能对象文件包含 1 个普通图层，如图 9-112 所示。

图 9-109

图 9-110

在智能对象文件中对图像进行修改并保存，效果如图 9-113 所示，修改操作将影响嵌入此智能对象文件的图像的最终效果，如图 9-114 所示。

图 9-111

图 9-112

图 9-113

图 9-114

9.5 课堂练习——制作艺术效果字

🔗 练习知识要点

使用"横排文字"工具添加文字，使用多种图层样式命令和剪贴蒙版制作艺术效果字。

🏹 素材所在位置

云盘 /Ch09/ 素材 / 制作艺术效果字 /01。

📁 效果所在位置

云盘 /Ch09/ 效果 / 制作艺术效果字 .psd，效果如图 9-115 所示。

图 9-115

扫码观看
本案例视频

9.6 课后习题——制作腕表广告

🔗 习题知识要点

使用"添加杂色"命令添加杂色，使用"曲线"和"色阶"命令调整图像的亮度，使用"曝光度"命令提亮图像的亮度，使用"色彩平衡"命令调整图像的色彩，使用"照片滤镜"命令调整图像的色调，使用图层蒙版和"画笔"工具调整高光的显示，使用"横排文字"工具输入文字。

🏹 素材所在位置

云盘 /Ch09/ 素材 / 制作腕表广告 /01。

📁 效果所在位置

云盘 /Ch09/ 效果 / 制作腕表广告 .psd，效果如图 9-116 所示。

图 9-116

扫码观看
本案例视频

10

第 10 章
文字的使用

本章介绍

本章将主要介绍 Photoshop CS6 中输入以及编辑文字的方法。通过本章的学习，可以了解并掌握文字的功能及特点，快速地掌握点文字、段落文字的输入方法，变形文字的设置以及路径文字的制作。

学习目标

- 熟练掌握文字的水平和垂直输入的技巧。
- 熟练掌握字符设置、栅格化文字的技巧。
- 熟练掌握段落文字的输入与编辑的技巧。
- 掌握对文字进行变形的方法。
- 掌握在路径上创建并编辑文字的方法。

技能目标

- 掌握"女装广告"的制作方法。
- 掌握"音乐卡片"的制作方法。
- 掌握"促销贴"的制作方法。

10.1 文字的输入与编辑

应用文字工具输入文字并使用"字符"控制面板对文字进行调整。

10.1.1 课堂案例——制作女装广告

案例学习目标

学习使用文字工具添加文字信息。

案例知识要点

使用"横排文字"工具添加文字信息，使用"椭圆"工具、"矩形"工具和"直线"工具添加装饰图形，使用"置入"命令置入图像，效果如图 10-1 所示。

扫码观看
本案例视频

扫码观看
扩展案例

图 10-1

效果所在位置

云盘 /Ch10/ 效果 / 制作女装广告 .psd。

（1）按 Ctrl+O 组合键，打开云盘中的"Ch10 > 素材 > 制作女装广告 > 01"文件，如图 10-2 所示。

（2）新建图层并将其命名为"底图"。将前景色设为白色。选择"矩形选框"工具，在图像窗口中绘制矩形选区。按 Alt+Delete 组合键，用前景色填充选区。按 Ctrl+D 组合键，取消选区，效果如图 10-3 所示。

图 10-2

图 10-3

（3）将前景色设为深蓝色（3、94、151）。选择"横排文字"工具，分别在适当的位置输入需要的文字并选取文字，分别在属性栏中选择合适的字体并设置大小，效果如图 10-4 所示，在"图层"控制面板中分别生成新的文字图层。

（4）选取文字"初春上新"，展开"字符"控制面板，将"设置所选字符的字距调整"选项 设置为 182，其他选项的设置如图 10-5 所示，按 Enter 键确定操作，效果如图 10-6 所示。

图 10-4　　　　　　　　　　图 10-5　　　　　　　　　　图 10-6

（5）选取文字"ELEGANCE"，在"字符"控制面板中将"设置所选字符的字距调整" [Ｖ/Ａ] [0] 选项设置为 724，其他选项的设置如图 10-7 所示，按 Enter 键确定操作，效果如图 10-8 所示。

（6）选择"椭圆"工具 ⬤ ，在属性栏中将"填充"颜色设为深蓝色（3、94、151），按住 Shift 键的同时，在图像窗口中拖曳鼠标绘制圆形，效果如图 10-9 所示。在"图层"控制面板中生成新的形状图层"椭圆 1"。

图 10-7　　　　　　　　　　图 10-8　　　　　　　　　　图 10-9

（7）将前景色设为白色。选择"横排文字"工具 [Ｔ] ，分别在适当的位置输入需要的文字并选取文字，分别在属性栏中选择合适的字体并设置大小，效果如图 10-10 所示，在"图层"控制面板中分别生成新的文字图层。

（8）选择"直线"工具 ／ ，在属性栏中将"填充"颜色设为深蓝色（3、94、151），"粗细"选项设为 4 像素，在图像窗口中拖曳鼠标绘制直线，效果如图 10-11 所示。在"图层"控制面板中生成新的形状图层并将其命名为"直线"。

（9）选择"路径选择"工具 ▶ ，按住 Alt+Shift 组合键的同时，水平向右拖曳复制直线，效果如图 10-12 所示。

（10）选择"矩形"工具 ▢ ，在属性栏的"选择工具模式"选项中选择"形状"，将"填充"颜色设为深蓝色（3、94、151），在图像窗口中拖曳鼠标绘制矩形，效果如图 10-13 所示，在"图层"控制面板中生成新的形状图层"矩形 1"。

图 10-10　　　　　　　　　　图 10-11　　　　　　　　　　图 10-12

（11）选择"横排文字"工具 T，在适当的位置输入需要的文字并选取文字，在属性栏中选择合适的字体并设置大小，效果如图 10-14 所示，在"图层"控制面板中生成新的文字图层。选取文字"48 小时内 88 折"，在属性栏中选择合适的字体并设置大小，效果如图 10-15 所示。

图 10-13   图 10-14   图 10-15

（12）选择"文件 > 置入"命令，弹出"置入"对话框，分别选择云盘中的"Ch10 > 素材 > 制作电商广告"中的 02 和 03 文件，单击"置入"按钮，分别将图片置入到图像窗口中，并拖曳到适当的位置，按 Enter 键确定操作，效果如图 10-16 所示，在"图层"控制面板中分别生成新的图层并将其命名为"人物 1""人物 2"。女装广告制作完成。

图 10-16

10.1.2 输入水平、垂直文字

选择"横排文字"工具 T，或按 T 键，其属性栏状态如图 10-17 所示。

图 10-17

切换文本取向：用于选择文字输入的方向。

宋体 Regular：用于设定文字的字体及属性。

12点：用于设定字体的大小。

锐利：用于消除文字的锯齿，包括无、锐利、犀利、浑厚和平滑 5 个选项。

：用于设定文字的段落格式，分别是左对齐、居中对齐和右对齐。

：用于设置文字的颜色。

创建文字变形：用于对文字进行变形操作。

切换字符和段落面板：用于打开"段落"和"字符"控制面板。

取消所有当前编辑：用于取消对文字的操作。

提交所有当前编辑：用于确定对文字的操作。

选择"直排文字"工具 T，可以在图像中建立垂直文本，其属性栏和"横排文字"工具属性栏的功能基本相同。

10.1.3 创建文字形状选区

"横排文字蒙版"工具 T：可以在图像中建立文本的选区，其属性栏和"横排文字"工具属性栏的功能基本相同。

"直排文字蒙版"工具 T：可以在图像中建立垂直文本的选区，其属性栏和"横排文字"工具属性栏的功能基本相同。

10.1.4 字符设置

"字符"控制面板用于编辑文本字符。选择"窗口 > 字符"命令，弹出"字符"控制面板，如

图 10-18 所示。

　　在控制面板中，第一栏选项可以用于设置字符的字体和样式，第二栏选项用于设置字符的大小、行距、字距和单个字符所占横向空间的大小，第三栏选项用于设置字符的比例间距，第四栏选项用于设置字符垂直方向的长度、水平方向的长度、基线偏移和文本颜色，第五栏按钮用于设置字符的形式，第六栏按钮用于设置英文单词的连写和数学公式的书写等，第七栏选项用于设置字典和消除字符的锯齿。

　　单击"字体"选项 Adobe 仿宋 ... 右侧的按钮 ，在其下拉列表中选择字体。在"设置字体大小"选项 12 点 的数值框中直接输入数值，或单击选项右侧的按钮 ，在其下拉列表中选择字体大小的数值。在"垂直缩放"选项 100% 的数值框中直接输入数值，可以调整字符的高度，效果如图 10-19 所示。

图 10-18

数值为 100% 时文字效果　　　　数值为 150% 时文字效果　　　　数值为 200% 时文字效果

图 10-19

　　在"设置行距"选项 (自动) 的数值框中直接输入数值，或单击选项右侧的按钮 ，在其下拉列表中选择需要的行距数值，可以调整文本段落的行距，效果如图 10-20 所示。

　　在"水平缩放"选项 100% 的数值框中输入数值，可以调整字符的宽度，效果如图 10-21 所示。

　　在"设置所选字符的比例间距"选项 0% 的下拉列表中选择百分比数值，可以对所选字符的比例间距进行细微的调整，效果如图 10-22 所示。

　　在"设置所选字符的字距调整"选项 100 的数值框中直接输入数值，或单击选项右侧的按钮 ，在其下拉列表中选择字距数值，可以调整文本段落的字距。输入正值时，字距加大；输入负值时，字距缩小，效果如图 10-23 所示。

数值为 72 时文字效果　　　　数值为 100 时文字效果　　　　数值为 48 时文字效果

图 10-20

数值为 100% 时文字效果　　　　数值为 120% 时文字效果　　　　数值为 180% 时文字效果

图 10-21

数值为 0% 时文字效果　　　　　　　　数值为 100% 时文字效果

图 10-22

数值为 0 时的效果　　　　数值为 200 时的效果　　　　数值为 −100 时的效果

图 10-23

选择"横排文字"工具，在两个字符间单击鼠标，插入光标，在"设置两个字符间的字距微调"选项 V/A 0 ▼ 的数值框中输入数值，或单击选项右侧的按钮 ▼ ，在其下拉列表中选择需要的字距数值。输入正值时，字符的间距加大；输入负值时，字符的间距缩小，效果如图 10-24 所示。

选中字符，在"设置基线偏移"选项 A 0点 的数值框中直接输入数值，可以调整字符上下移动。输入正值时，使水平字符上移，使直排的字符右移；输入负值时，使水平字符下移，使直排的字符左移，效果如图 10-25 所示。

数值为 0 时文字效果　　　　数值为 200 时文字效果　　　　数值为 −200 时文字效果

图 10-24

选中字符　　　　　　数值为 30 时文字效果　　　　数值为 −30 时文字效果

图 10-25

在"设置文本颜色"图标 颜色:████ 上单击，弹出"拾色器（文本颜色）"对话框，在对话框中设置需要的颜色后，单击"确定"按钮，改变文字的颜色。

设定字符形式 T *T* TT Tr T¹ T₁ T̲ T̶：从左到右依次为"仿粗体"按钮 **T**、"仿斜体"按钮 *T*、"全部大写字母"按钮 TT、"小型大写字母"按钮 Tr、"上标"按钮 T¹、"下标"按钮 T₁、"下划线"按钮 T̲ 和"删除线"按钮 T̶。单击需要的按钮，不同的形式效果如图 10-26 所示。

| 正常效果 | 仿粗体效果 | 仿斜体效果 |

| 全部大写字母效果 | 小型大写字母效果 | 上标效果 |

| 下标效果 | 下划线效果 | 删除线效果 |

图 10-26

单击"语言设置"选项 美国英语 ⬍ 右侧的按钮 ⬍，在其下拉列表中选择需要的字典。选择字典主要用于拼写检查和连字的设定。

"消除锯齿的方法"选项 ᵃa 锐利 ⬍ 可以选择无、锐利、犀利、浑厚和平滑 5 种消除锯齿的方法。

10.1.5　栅格化文字

"图层"控制面板中文字图层的效果如图 10-27 所示，选择"图层 > 栅格化 > 文字"命令，可以将文字图层转换为图像图层，如图 10-28 所示；也可在文字图层单击鼠标右键，在弹出的快捷菜单中选择"栅格化文字"命令；还可以选择"文字 > 栅格化文字图层"命令。

图 10-27　　　　图 10-28

10.1.6　输入段落文字

建立段落文字图层就是以段落文字框的方式建立文字图层。选择"横排文字"工具 T，将鼠标光标移动到图像窗口中，鼠标光标变为 图标。单击并按住鼠标左键不放，拖曳鼠标在图像窗口中创建一个段落定界框，如图 10-29 所示。插入点显示在定界框的左上角，段落定界框具有自动换行的功能，如果输入的文字较多，则当文字遇到定界框时，会自动换到下一行显示。输入文字，效果如图 10-30 所示。

图 10-29

图 10-30

如果输入的文字需要分段落，可以按 Enter 键进行操作，还可以对定界框进行旋转、拉伸等操作。

10.1.7　编辑段落文字的定界框

输入文字后还可对段落文字定界框进行编辑。将鼠标放在定界框的控制点上，鼠标光标变为 ，如图 10-31 所示，拖曳控制点可以按需求缩放定界框，如图 10-32 所示。按住 Shift 键的同时，拖曳控制点，可以成比例地缩放定界框。

图 10-31

将鼠标放在定界框四个角的外侧，鼠标光标变为 ，此时拖曳控制点可以旋转定界框，如图 10-33 所示。按住 Ctrl 键的同时，将鼠标光标放在定界框四边中间的控制点上，拖曳鼠标可以改变定界框的倾斜度，效果如图 10-34 所示。

图 10-32

图 10-33

图 10-34

10.1.8　段落设置

"段落"控制面板用于编辑文本段落。选择"窗口 > 段落"命令，弹出"段落"控制面板，如图 10-35 所示。

图 10-35

 ： 用于调整文本段落中每行的方式，分别是左对齐、中间对齐、右对齐。 ： 用于调整段落的对齐方式，分别为段落最后一行左对齐、段落最后一行中间对齐、段落最后一行右对齐。全部对齐 ： 用于设置整个段落中的行两端对齐。左缩进 ： 在选项中输入数值可以设置段落左端的缩进量。右缩进 ： 在选项中输入数值可以设置段落右端的缩进量。首行缩进 ： 在选项中输入数值可以设置段落第一行的左端缩进量。段前添

加空格 [↑]量：在选项中输入数值可以设置当前段落与前一段落的距离。段后添加空格 _→言：在选项中输入数值可以设置当前段落与后一段落的距离。避头尾法则设置、间距组合设置：用于设置段落的样式。连字：用于确定文字是否与连字符链接。

10.1.9　横排与直排

在图像中输入横排文字，如图 10-36 所示，选择"文字 > 取向 > 垂直"命令，文字将从水平方向转换为垂直方向，如图 10-37 所示。

图 10-36

图 10-37

10.1.10　点文字与段落文字、路径、形状的转换

1. 点文字与段落文字的转换

在图像中建立点文字图层（直接单击输入），选择"文字 > 转换为段落文本"命令，将点文字图层转换为段落文字图层。

要将建立的段落文字图层转换为点文字图层，选择"文字 > 转换为点文本"命令即可。

2. 将文字转换为路径

在图像中输入文字，如图 10-38 所示，选择"文字 > 创建工作路径"命令，将文字转换为路径，效果如图 10-39 所示。

图 10-38

图 10-39

3. 将文字转换为形状

在图像中输入文字，如图 10-40 所示，选择"文字 > 转换为形状"命令，将文字转换为形状，效果如图 10-41 所示，在"图层"控制面板中，文字图层被形状图层所代替，如图 10-42 所示。

图 10-40

图 10-41

图 10-42

10.2　文字变形效果

可以根据需要将输入完成的文字进行各种变形。

10.2.1　课堂案例——制作音乐卡片

案例学习目标

学习使用"变形文字"对话框制作变形文字。

案例知识要点

使用"横排文字"工具输入文字，使用"变形文字"对话框制作变形文字，使用图层样式命令为文字添加特殊效果，最终效果如图 10-43 所示。

图 10-43

扫码观看
本案例视频

扫码观看
扩展案例

效果所在位置

云盘 /Ch10/ 效果 / 制作音乐卡片 .psd。

（1）按 Ctrl+O 组合键，打开云盘中的"Ch10 > 素材 > 制作音乐卡片 > 01"文件，如图 10-44 所示。按 Ctrl+O 组合键，打开云盘中的"Ch10 > 素材 > 制作音乐卡片 > 02"文件，选择"移动"工具，将 02 图片拖曳到 01 图像窗口中适当的位置，效果如图 10-45 所示，在"图层"控制面板中生成新的图层并将其命名为"音乐符"。

（2）选择"横排文字"工具，输入需要的文字并选取，在属性栏中选择合适的字体并设置文字大小，分别填充适当的颜色，效果如图 10-46 所示，在"图层"控制面板中生成新的文字图层。单击"文字"工具属性栏中的"创建文字变形"按钮，弹出"变形文字"对话框，选项的设置如图 10-47 所示，单击"确定"按钮，效果如图 10-48 所示。

图 10-44

图 10-45

| 图 10-46 | 图 10-47 | 图 10-48 |

（3）单击"图层"控制面板下方的"添加图层样式"按钮 fx.，在弹出的菜单中选择"内阴影"命令，弹出对话框，选项的设置如图 10-49 所示；选择"外发光"选项，切换到相应的对话框，设置如图 10-50 所示；选择"描边"选项，切换到相应的对话框，将"颜色"设为白色，其他选项的设置如图 10-51 所示，单击"确定"按钮，效果如图 10-52 所示。

| 图 10-49 | 图 10-50 |

（4）将前景色设为蓝色（1、156、208）。选择"横排文字"工具 T.，输入需要的文字，选取文字，在属性栏中选择合适的字体并设置文字大小，效果如图 10-53 所示。在"图层"控制面板中生成新的文字图层。单击"图层"控制面板下方的"添加图层样式"按钮 fx.，在弹出的菜单中选择"外发光"命令，弹出对话框，选项的设置如图 10-54 所示。

| 图 10-51 | 图 10-52 | 图 10-53 |

（5）选择"描边"选项，切换到相应的对话框，将描边颜色设为白色，其他选项的设置如图 10-55 所示，单击"确定"按钮，效果如图 10-56 所示。

（6）将前景色设为白色。选择"横排文字"工具 T.，分别输入需要的文字并选取文字，在属性栏中选择合适的字体并设置文字大小，效果如图 10-57 所示。在"图层"控制面板中生成新的文字图层。音乐卡片制作完成，效果如图 10-58 所示。

图 10-54

图 10-55

图 10-56

图 10-57

图 10-58

10.2.2 变形文字

应用"变形文字"对话框可以将文字进行多种样式的变形，如扇形、旗帜、波浪、膨胀、扭转等。

1. 制作扭曲变形文字

根据需要可以对文字进行各种变形。在图像中输入文字，如图 10-59 所示，单击文字工具属性栏中的"创建文字变形"按钮，弹出"变形文字"对话框，如图 10-60 所示，在"样式"选项的下拉列表中包含多种文字的变形效果，如图 10-61 所示。

图 10-59

图 10-60

图 10-61

文字的多种变形效果如图 10-62 所示。

扇形

下弧

上弧

图 10-62

拱形   凸起   贝壳

花冠   旗帜   波浪

鱼形   增加   鱼眼

膨胀   挤压   扭转

图 10-62（续）

2. 设置变形选项

如果要修改文字的变形效果，可以调出"变形文字"对话框，在对话框中重新设置样式或更改当前应用样式的数值。

3. 取消文字变形效果

如果要取消文字的变形效果，可以调出"变形文字"对话框，在"样式"选项的下拉列表中选择"无"。

10.3 在路径上创建并编辑文字

Photoshop CS6 提供了新的文字排列方法，可以像在 Illustrator 中一样把文字沿着路径放置，

Photoshop CS6 中沿着路径排列的文字还可以在 Illustrator 中直接编辑。

10.3.1 课堂案例——制作促销贴

案例学习目标

学习使用文字工具和"变形文字"对话框制作文字效果。

案例知识要点

使用"横排文字"工具输入文字，使用"变形文字"对话框制作文字变形效果，使用"钢笔"工具和"横排文字"工具制作路径文字，效果如图 10-63 所示。

图 10-63

扫码观看
本案例视频

扫码观看
扩展案例

效果所在位置

云盘 /Ch10/ 效果 / 制作促销贴 .psd。

（1）按 Ctrl+O 组合键，打开云盘中的"Ch10 > 素材 > 制作促销贴 > 01"文件，效果如图 10-64 所示。

（2）将前景色设为白色。选择"横排文字"工具 T，在适当的位置输入需要的文字并选取文字，在属性栏中选择合适的字体并设置文字大小，效果如图 10-65 所示，在"图层"控制面板中生成新的文字图层。

（3）单击属性栏中的"创建文字变形"按钮 工，在弹出的对话框中进行设置，如

图 10-64 　　　　　　　　图 10-65

图 10-66

图 10-66 所示，单击"确定"按钮，效果如图 10-67 所示。

（4）单击"图层"控制面板下方的"添加图层样式"按钮 fx，在弹出的菜单中选择"投影"命令，在弹出的对话框中进行设置，如图 10-68 所示，单击"确定"按钮，效果如图 10-69 所示。

（5）选择"钢笔"工具 ，在属性栏的"选择工具模式"

选项中选择"路径"，在图像窗口绘制一条路径，如图 10-70 所示。选择"横排文字"工具 T，在属性栏中选择合适的字体并设置文字大小，将鼠标光标置于路径上时会变为 I 图标，单击鼠标，在路径上出现闪烁的光标，输入需要的文字，如图 10-71 所示。在"图层"控制面板中生成新的文字图层。

（6）选择"横排文字"工具 T，在适当的位置输入需要的文字并选取文字，在属性栏中选择合适的字体并设置文字大小，效果如图 10-72 所示，在"图层"控制面板中生成新的文字图层。促销贴制作完成，效果如图 10-73 所示。

图 10-67

图 10-68

图 10-69

图 10-70

图 10-71

图 10-72

图 10-73

10.3.2 路径文字

应用路径可以将输入的文字排列成变化多端的效果。可以将文字建立在路径上，并应用路径对文字进行调整。

1. 在路径上创建文字

选择"钢笔"工具，在图像中绘制一条路径，如图 10-74 所示。选择"横排文字"工具，将鼠标光标放在路径上，鼠标光标将变为 I 图标，如图 10-75 所示，单击路径出现闪烁的光标，此处为输入文字的起始点。输入的文字会沿着路径的形状进行排列，效果如图 10-76 所示。

图 10-74

图 10-75

文字输入完成后，在"路径"控制面板中会自动生成文字路径层，如图 10-77 所示。取消"视图 / 显示额外内容"命令的选中状态，可以隐藏文字路径，如图 10-78 所示。

图 10-76

图 10-77

图 10-78

> **提示**
>
> "路径"控制面板中的文字路径层与"图层"控制面板中相应的文字图层是相链接的，删除文字图层时，文字的路径层会自动被删除，删除其他工作路径不会对文字的排列有影响。如果要修改文字的排列形状，需要对文字路径进行修改。

2. 在路径上移动文字

选择"路径选择"工具 ，将光标放置在文字上，鼠标光标显示为 图标，如图 10-79 所示，单击并沿着路径拖曳鼠标，可以移动文字，效果如图 10-80 所示。

3. 在路径上翻转文字

选择"路径选择"工具 ，将鼠标光标放置在文字上，鼠标光标显示为 图标，如 图 10-81 所示，将文字向路径内部拖曳，可以沿路径翻转文字，效果如图 10-82 所示。

4. 修改路径绕排文字的形态

创建了路径绕排文字后，同样可以编辑文字绕排的路径。选择"直接选择"工具 ，在路径上单击，路径上显示出控制手柄，拖曳控制手柄修改路径的形状，如图 10-83 所示，文字会按照修改后的路径进行排列，效果如图 10-84 所示。

图 10-79

图 10-80

图 10-81

图 10-82

图 10-83

图 10-84

10.4 课堂练习——制作旅游宣传单

练习知识要点

使用"横排文字"工具和"变形文字"对话框添加宣传文字，使用"自定形状"工具、"圆角矩形"工具和图层样式命令制作会话框，使用"横排文字"工具和"钢笔"工具制作路径文字。

素材所在位置

云盘 /Ch10/ 素材 / 制作旅游宣传单 /01~03。

效果所在位置

云盘 /Ch10/ 效果 / 制作旅游宣传单 .psd，效果如图 10-85 所示。

图 10-85

扫码观看
本案例视频

10.5　课后习题——制作运动鞋海报

习题知识要点

使用"变形文字"对话框将文字变形，使用图层蒙版和"画笔"工具绘制音符效果。

素材所在位置

云盘 /Ch10/ 素材 / 制作运动鞋海报 /01~05。

效果所在位置

云盘 /Ch10/ 效果 / 制作运动鞋海报 .psd，效果如图 10-86 所示。

图 10-86

扫码观看
本案例视频

第 11 章
通道的应用

本章介绍

本章将主要介绍通道的基本操作、通道的运算以及通道蒙版，通过多个实际应用案例进一步讲解了通道的操作方法。通过本章的学习，能够快速地掌握知识要点，合理地利用通道设计制作作品。

学习目标

- 掌握"通道"控制面板的操作方法。
- 掌握通道创建、复制、删除的运用。
- 掌握专色通道、分离与合并通道的运用。
- 掌握通道的运算与通道蒙版的运用。

技能目标

- 掌握"化妆品海报"的制作方法。
- 掌握"清冷照片"的制作方法。
- 掌握"图像色调"的调整方法和技巧。
- 掌握"旋转边框"的添加方法和技巧。

<table>
<tr><td>**11.1**</td><td>**通道的操作**</td></tr>
</table>

应用"通道"控制面板可以对通道进行创建、复制、删除、分离、合并等操作。

11.1.1 课堂案例——制作化妆品海报

案例学习目标

学习使用"通道"控制面板和"色阶"命令制作图像。

案例知识要点

使用通道抠出人物头发，使用"色阶"命令调整图像颜色，使用"投影"命令制作图片阴影效果，最终效果如图 11-1 所示。

扫码观看
本案例视频

扫码观看
扩展案例

图 11-1

效果所在位置

云盘 /Ch11/ 效果 / 制作化妆品海报 .psd。

（1）按 Ctrl+O 组合键，打开云盘中的"Ch11 > 素材 > 制作化妆品海报"中的 01 和 02 文件，效果如图 11-2 和图 11-3 所示。

（2）选中 02 素材文件。选择"通道"控制面板，选中"蓝"通道，将其拖曳到"通道"控制面板下方的"创建新通道"按钮 上进行复制，生成新的通道"蓝 副本"，如图 11-4 所示。选择"图像 > 调整 > 色阶"命令，在弹出的对话框中进行设置，如图 11-5 所示，单击"确定"按钮，效果如图 11-6 所示。

图 11-2   图 11-3

（3）将前景色设为黑色。选择"画笔"工具 ，在属性栏中单击"画笔"选项右侧的按钮 ，弹出画笔选择面板，将"主直径"选项设为 300，将"硬度"选项设为 100%，在图像窗口中将人物部分涂抹为黑色，效果如图 11-7 所示。按住 Ctrl 键的同时，单击"蓝 副本"通道的缩览图，图像周围生成选区。按 Ctrl+Shift+I 组合键，将选区反选，如图 11-8 所示。单击"RGB"通道，返回"图层"控制面板，按 Ctrl+J 组合键，将选区中的图像复制到新的图层中，在"图层"控制面板中生成新的图层并将其命名为"人物",如图 11-9 所示。

图 11-4

图 11-5

图 11-6

图 11-7

图 11-8

图 11-9

(4)选择"移动"工具 ，将人物图像拖曳到 01 文件图像窗口适当的位置,如图 11-10 所示,在"图层"控制面板中生成新的图层"人物"。按 Ctrl+T 组合键,在人物图像周围生成变换框,在变换框中单击鼠标右键,在弹出的快捷菜单中选择"水平翻转"命令,水平翻转人物图像,并拖曳到适当的位置,按 Enter 键确认操作,效果如图 11-11 所示。

图 11-10

图 11-11

(5)选择"背景"图层,单击"图层"控制面板下方的"创建新的填充或调整图层"按钮 ，在弹出的菜单中选择"色阶"命令,在"图层"控制面板中生成"色阶1"图层,同时在相应的"属性"控制面板中进行设置,如图 11-12 和图 11-13 所示,图像效果如图 11-14 所示。

(6)按 Ctrl+O 组合键,打开云盘中的"Ch11 > 素材 > 制作化妆品海报 > 03"文件,选择"移动"工具 ，将化妆品图像拖曳到图像窗口的适当位置,效果如图 11-15 所示,在"图层"控制面板中生成新的图层并将其命名为"化妆品"。单击"图层"控制面板下方的"添加图层样式"按钮 ，在弹出的菜单中选择"投影"命令,在弹出的对话框中进行设置,如图 11-16 所示,单击"确定"按钮,效果如图 11-17 所示。

图 11-12

图 11-13

图 11-14

图 11-15

图 11-16

图 11-17

（7）按 Ctrl+O 组合键，打开云盘中的"Ch11 > 素材 > 制作化妆品海报 > 04"文件，选择"移动"工具 ，将装饰图像拖曳到图像窗口的适当位置，效果如图 11-18 所示，在"图层"控制面板中生成新的图层并将其命名为"装饰"。

（8）将前景色设为蓝色（50、96、173）。选择"横排文字"工具 ，在图像窗口中输入需要的文字，展开"字符"控制面板，设置如图 11-19 所示，按 Enter 键，效果如图 11-20 所示，在"图层"控制面板中生成新的文字图层。用相同的方法输入其他文字，效果如图 11-21 所示。

图 11-18

图 11-19

图 11-20

图 11-21

（9）新建图层并将其命名为"矩形"。选择"矩形"工具▣，在属性栏中的"选择工具模式"选项中选择"像素"，在图像窗口的适当位置绘制矩形，效果如图 11-22 所示。选择"移动"工具⊹，按住 Alt 键的同时，垂直向下拖曳矩形到适当的位置，复制矩形，如图 11-23 所示。用相同的方法复制其他矩形，效果如图 11-24 所示。

图 11-22   图 11-23   图 11-24

（10）新建图层并将其命名为"直线"。选择"直线"工具╱，在属性栏中将"粗细"选项设为 8 像素，在图像窗口的适当位置绘制直线，效果如图 11-25 所示。用上一步所述方法复制直线，效果如图 11-26 所示。化妆品海报制作完成，如图 11-27 所示。

图 11-25   图 11-26   图 11-27

11.1.2 "通道"控制面板

"通道"控制面板可以管理所有的通道并对通道进行编辑。

选择"窗口 > 通道"命令，弹出"通道"控制面板，如图 11-28 所示。

在"通道"控制面板的右上方有 2 个系统按钮◂◂ ✕，分别是"折叠为图标"按钮和"关闭"按钮。单击"折叠为图标"按钮可以将控制面板折叠，只显示图标。单击"关闭"按钮可以将控制面板关闭。

在"通道"控制面板中，放置区用于存放当前图像中存在的所有通道。在放置区中，如果选中的只是其中的一个通道，则只有这个通道处于选中状态，通道上将出现一个深色条。如果想选中多个通道，可以按住 Shift 键，再单击其他通道。通道左侧的眼睛图标👁用于显示或隐藏颜色通道。

在"通道"控制面板的底部有 4 个工具按钮，如图 11-29 所示。

图 11-28   图 11-29

将通道作为选区载入▦：用于将通道作为选择区域调出。将选区存储为通道▢：用于将选择区域存入通道中。创建新通道▣：用于创建或复制新的通道。删除当前通道🗑：用于删除图像中的通道。

11.1.3 创建新通道

在编辑图像的过程中，可以建立新的通道。

单击"通道"控制面板右上方的图标▾▤，弹出其面板菜单，选择"新建通道"命令，弹出"新建通道"对话框，如图 11-30 所示。

名称：用于设置当前通道的名称。色彩指示：用于选择两种区域方式。颜色：用于设置新通道的颜色。不透明度：用于设置当前通道的不透明度。

图 11-30

图 11-31

单击"确定"按钮，"通道"控制面板中将创建一个新通道，即"Alpha 1"通道，面板如图 11-31 所示。

单击"通道"控制面板下方的"创建新通道"按钮，也可以创建一个新通道。

11.1.4 复制通道

复制通道命令用于将现有的通道进行复制，产生相同属性的多个通道。

单击"通道"控制面板右上方的图标，弹出其面板菜单，选择"复制通道"命令，弹出"复制通道"对话框，如图 11-32 所示。

为：用于设置复制出的新通道的名称。文档：用于设置复制通道的文件来源。

将"通道"控制面板中需要复制的通道拖曳到下方的"创建新通道"按钮上，即可将所选的通道复制为一个新的通道。

11.1.5 删除通道

不用的或废弃的通道可以将其删除，以免影响操作。

单击"通道"控制面板右上方的图标，弹出其面板菜单，选择"删除通道"命令，即可将通道删除。

单击"通道"控制面板下方的"删除当前通道"按钮，弹出提示对话框，如图 11-33 所示，单击"是"按钮，将通道删除。也可将需要删除的通道直接拖曳到"删除当前通道"按钮上进行删除。

图 11-32

图 11-33

11.1.6 课堂案例——制作大大碗娱乐公众号封面首图

案例学习目标

学习使用分离与合并通道命令制作图像效果。

案例知识要点

使用分离通道和合并通道命令制作图像效果，使用曝光度命令和色阶命令调整图片颜色，使用彩色半调滤镜命令为图片添加特效，效果如图 11-34 所示。

图 11-34

扫码观看
本案例视频

扫码观看
扩展案例

效果所在位置

云盘 /Ch11/ 效果 / 制作大大碗娱乐公众号封面首图 .psd。

（1）按 Ctrl + O 组合键，打开云盘中的"Ch11 > 素材 > 制作大大碗娱乐公众号封面首图 >
01"文件，如图 11-35 所示。选择"窗口 > 通道"命令，弹出"通道"控制面板，如图 11-36 所示。

图 11-35

图 11-36

（2）单击"通道"控制面板右上方的▼≡图标，在弹出的菜单中选择"分离通道"命令，将图像
分离成"红""绿""蓝"3 个通道文件，如图 11-37 所示。选择通道文件"蓝"，如图 11-38 所示。

图 11-37

图 11-38

（3）选择"滤镜 > 像素化 > 彩色半调"命令，在弹出的对话框中进行设置，如图 11-39 所示，
单击"确定"按钮，效果如图 11-40 所示。

图 11-39

图 11-40

（4）选择通道文件"绿"，如图 11-41 所示。按 Ctrl+L 组合键，弹出"色阶"对话框，选项的设
置如图 11-42 所示，单击"确定"按钮，效果如图 11-43 所示。选择通道文件"红"，如图 11-44 所示。

图 11-41

图 11-42

图 11-43

图 11-44

（5）选择"图像 > 调整 > 曝光度"命令，在弹出的对话框中进行设置，如图 11-45 所示，单击"确定"按钮，效果如图 11-46 所示。

图 11-45

图 11-46

（6）单击"通道"控制面板右上方的 图标，在弹出的菜单中选择"合并通道"命令，在弹出的对话框中进行设置，如图 11-47 所示，单击"确定"按钮。弹出"合并 RGB 通道"对话框，如图 11-48 所示，单击"确定"按钮，合并通道，图像效果如图 11-49 所示。

（7）将前景色设为白色。选择"横排文字"工具 ，在适当的位置输入需要的文字并选取文字，在属性栏中选择合适的字体并设置文字大小，效果如图 11-50 所示，在"图层"控制面板中生成新的文字图层。大大碗娱乐公众号封面首图制作完成。

图 11-47

图 11-48

图 11-49

图 11-50

11.1.7 专色通道

打开"基础素材 >Ch11>01"文件单击"通道"控制面板右上方的图标 ，弹出其面板菜单，选择"新建专色通道"命令，弹出"新建专色通道"对话框，单击"确定"按钮，如图 11-51 所示。

图 11-51

单击"通道"控制面板中新建的专色通道。选择"画笔"工具 ，在"画笔"控制面板中进行设置，如图 11-52 所示，在图像中进行绘制，效果如图 11-53 所示，"通道"控制面板中的效果如图 11-54 所示。

> **提示**
>
> 前景色为黑色，绘制时的特别色是不透明的；前景色为其他中间色，绘制时的特别色是不同透明度的颜色；前景色为白色，绘制时的特别色是透明的。

图 11-52

图 11-53

图 11-54

11.1.8 分离与合并通道

单击"通道"控制面板右上方的图标▾≡，弹出其面板菜单，选择"分离通道"命令，将图像中的每个通道分离成各自独立的 8 bit 灰度图像。图像原始效果如图 11-55 所示，分离后的效果如图 11-56 所示。

图 11-55

图 11-56

单击"通道"控制面板右上方的图标▾≡，弹出其面板菜单，选择"合并通道"命令，弹出"合并通道"对话框，如图 11-57 所示，设置完成后单击"确定"按钮，弹出"合并 CMYK 通道"对话框，如图 11-58 所示，可以在选定的颜色模式中为每个通道指定一幅灰度图像，被指定的图像可以是同一幅图像，也可以是不同的图像，但这些图像的大小必须是相同的。在合并之前，所有要合并的图像都必须是打开的，尺寸要保持一致，且为灰度图像，单击"确定"按钮，效果如图 11-59 所示。

图 11-57

图 11-58

图 11-59

11.2 通道运算

　　"应用图像"命令可以计算处理通道内的图像，使图像混合产生特殊效果。"计算"命令同样可以计算处理两个通道中的相应的内容，但主要用于合成单个通道的内容。

11.2.1 课堂案例——调整图像色调

案例学习目标

学习使用"计算"命令和"应用图像"命令调整图像颜色。

案例知识要点

使用"计算"命令、"应用图像"命令调整图像色调，如图 11-60 所示。

图 11-60

扫描观看
本案例视频

扫码观看
扩展案例

效果所在位置

云盘 /Ch11/ 效果 / 调整图像色调 .psd。

　　（1）按 Ctrl+O 组合键，打开云盘中的"Ch11 > 素材 > 调整图像色调 > 01"文件，如图 11-61 所示。按 Ctrl+J 组合键，复制图层。

　　（2）按 Ctrl+L 组合键，弹出"色阶"对话框，选项的设置如图 11-62 所示。单击"确定"按钮，效果如图 11-63 所示。

图 11-61

图 11-62

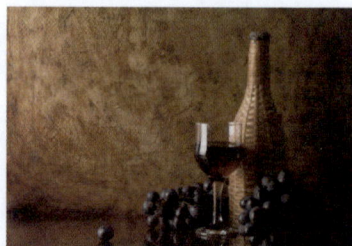

图 11-63

（3）选择"图像 > 计算"命令，弹出"计算"对话框，将"混合"选项设为"柔光"，其他选项的设置如图 11-64 所示。单击"确定"按钮，图像效果如图 11-65 所示。在"通道"控制面板中生成新的通道"Alpha1"，如图 11-66 所示。

图 11-64

图 11-65

图 11-66

（4）单击"RGB"通道，返回"图层"控制面板。选择"图像 > 应用图像"命令，在弹出的"应用图像"对话框中进行设置，如图 11-67 所示。单击"确定"按钮，效果如图 11-68 所示。

（5）将前景色设为深棕色（55、15、9）。选择"横排文字"工具 T，在适当的位置输入需要的文字并选取文字，在属性栏中选择合适的字体并设置大小，效果如图 11-69 所示。图像色调调整完成，效果如图 11-70 所示。

图 11-67

图 11-68

图 11-69

图 11-70

11.2.2 应用图像

选择"图像 > 应用图像"命令，弹出"应用图像"对话框，如图 11-71 所示。

源：用于选择源文件。图层：用于选择源文件的层。通道：用于选择源通道。反相：用于在处理前先反转通道中的内容。目标：显示出目标文件的文件名、层、通道及颜色模式等信息。混合：用于选择混合模式，即选择两个通道对应像素的计算方法。不透明度：用于设定图像的不透明度。蒙版：用于加入蒙版以限定选区。

图 11-71

> **提示** "应用图像"命令要求源文件与目标文件的尺寸大小必须相同，因为参加计算的两个通道内的像素是一一对应的。

打开"基础素材 > Ch11"中的 02 和 03 文件，选择"图像 > 图像大小"命令，弹出"图像大小"对话框，设置后，单击"确定"按钮，将两幅图像设置为相同的尺寸，效果如图 11-72

和图 11-73 所示。

在两幅图像的"通道"控制面板中分别建立通道蒙版，其中黑色表示遮住的区域，如图 11-74 和图 11-75 所示。

选中 03 图像，选择"图像 > 应用图像"命令，弹出"应用图像"对话框，设置完成后如图 11-76 所示，单击"确定"按钮，两幅图像混合后的效果如图 11-77 所示。

图 11-72　　　　　　图 11-73

图 11-74　　　　　　图 11-75　　　　　　图 11-76

在"应用图像"对话框中勾选"蒙版"复选框，显示出蒙版的相关选项，勾选"反相"复选框，其他选项的设置如图 11-78 所示，单击"确定"按钮，两幅图像混合后的效果如图 11-79 所示。

图 11-77　　　　　　图 11-78　　　　　　图 11-79

11.2.3　计算

选择"图像 > 计算"命令，弹出"计算"对话框，如图 11-80 所示。

源 1：用于选择源文件 1。图层：用于选择源文件 1 中的层。通道：用于选择源文件 1 中的通道。反相：用于反转通道中的内容。源 2：用于选择源文件 2。混合：用于选择混合模式。不透明度：用于设定不透明度。结果：用于指定处理结果的存放位置。

"计算"命令尽管与"应用图像"命令一样都是对两个通道的相应内容进行计算处理的命令，但是二者也有区别。用"应用图像"命令处理后的结果可作为源文件或目标文件使用，而用"计算"命令处理后的结果则保存为一个通道，如 Alpha 通道，使其可转变为选区以供其他工具

图 11-80

使用。

选择"图像 > 计算"命令，在弹出的"计算"对话框中进行设置，如图 11-81 所示，单击"确定"按钮，两张图像通道运算后的新通道效果如图 11-82 和图 11-83 所示。

图 11-81

图 11-82

图 11-83

11.3　通道蒙版

在通道中可以快速地创建蒙版，还可以存储蒙版。

11.3.1　课堂案例——添加旋转边框

案例学习目标

学习使用快速蒙版及不同的滤镜制作边框。

案例知识要点

使用自定义形状工具和快速蒙版制作图像效果，使用晶格化和旋转扭曲滤镜命令制作边框，使用图层样式为图像添加特殊效果，如图 11-84 所示。

图 11-84

扫码观看
本案例视频

扫码观看
扩展案例

效果所在位置

云盘 /Ch11/ 效果 / 添加旋转边框 .psd。

（1）按 Ctrl+O 组合键，打开云盘中的"Ch11 > 素材 > 添加旋转边框 > 01"文件，如图 11-85 所示。

（2）按 Ctrl + O 组合键，打开云盘中的"Ch11 > 素材 > 添加旋转边框 > 02"文件，选择"移动"工具 ，将人物图片拖曳到图像窗口中适当的位置，并调整其大小，效果如图 11-86 所示，在"图层"控制面板中生成新的图层并将其命名为"人物"。

图 11-85　　　　　　图 11-86

（3）选择"自定义形状"工具 ，在属性栏中的"选择工具模式"选项中选择"路径"选项。单击属性栏中的"形状"选项，弹出"形状"面板，单击面板右上方的黑色按钮 ，在弹出的菜单中选择"台词框"选项，弹出提示对话框，单击"追加"按钮。在"形状"面板中选中需要的图形，如图 11-87 所示。在图像窗口中绘制一个不规则图形，如图 11-88 所示。按 Ctrl+Enter 组合键，将路径转换为选区，如图 11-89 所示。

图 11-87　　　　　　图 11-88　　　　　　图 11-89

（4）单击工具箱下方的"以快速蒙版模式编辑"按钮 ，进入蒙版状态，效果如图 11-90 所示。选择"滤镜 > 像素化 > 晶格化"命令，在弹出的对话框中进行设置，如图 11-91 所示，单击"确定"按钮，效果如图 11-92 所示。

图 11-90　　　　　　图 11-91　　　　　　图 11-92

（5）选择"滤镜 > 扭曲 > 旋转扭曲"命令，在弹出的对话框中进行设置，如图 11-93 所示，单击"确定"按钮，效果如图 11-94 所示。选择"橡皮擦"工具 ，在属性栏中单击"画笔"选项右侧的按钮 ，弹出画笔选择面板，选项的设置如图 11-95 所示。在图像窗口中擦除不需要的图像，效果如图 11-96 所示。

图 11-93　　　　　图 11-94　　　　　图 11-95　　　　　图 11-96

（6）单击工具箱下方的"以标准模式编辑"按钮 ，恢复到标准编辑状态，蒙版形状转换为选区，效果如图 11-97 所示。按 Ctrl+Shift+I 组合键，将选区反选，按 Delete 键，删除选区中的图像，按 Ctrl+D 组合键，取消选区，效果如图 11-98 所示。

图 11-97　　　　　图 11-98

（7）单击"图层"控制面板下方的"添加图层样式"按钮 ，在弹出的菜单中选择"投影"命令，在弹出的对话框中进行设置，如图 11-99 所示，单击"确定"按钮，效果如图 11-100 所示。

（8）按 Ctrl + O 组合键，打开云盘中的"Ch11 > 素材 > 添加喷溅边框 > 03"文件，选择"移动"工具 ，将装饰图片拖曳到图像窗口中适当的位置，效果如图 11-101 所示，在"图层"控制面板中生成新的图层并将其命名为"装饰"。添加旋转边框制作完成。

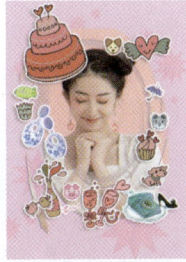

图 11-99　　　　　图 11-100　　　　图 11-101

11.3.2　快速蒙版的制作

使用"以快速蒙版模式编辑"按钮，可以使图像快速地进入蒙版编辑状态。打开一幅图像，效果如图 11-102 所示。选择"快速选择"工具 ，在图像窗口中绘制选区，如图 11-103 所示。

图 11-102

图 11-103

单击工具箱下方的"以快速蒙版模式编辑"按钮 ，进入蒙版状态，选区暂时消失，图像的未选择区域变为红色，如图 11-104 所示。"通道"控制面板中将自动生成快速蒙版，如图 11-105 所示。快速蒙版图像如图 11-106 所示。

图 11-104

图 11-105

图 11-106

选择"画笔"工具 ，在属性栏中进行设定，如图 11-107 所示。将前景色设为白色，将快速蒙版中的卡通面包涂抹成白色，图像效果和快速蒙版如图 11-108 和图 11-109 所示。

图 11-107

图 11-108

图 11-109

11.3.3 在 Alpha 通道中存储蒙版

编辑好的蒙版可以存储到 Alpha 通道中。

在图像中绘制选区，效果如图 11-110 所示。选择"选择 > 存储选区"命令，弹出"存储选区"对话框，如图 11-111 所示进行设定，单击"确定"按钮，建立通道蒙版"卡通面包"。单击"通道"控制面板中的"将选区存储为通道"按钮 ，也可以建立通道蒙版"卡通面包"，如图 11-112 所示，效果如图 11-113 所示。

图 11-110

图 11-111

图 11-112

　　将图像保存，再次打开图像时，选择"选择 > 载入选区"命令，弹出"载入选区"对话框，如图 11-114 所示进行设定，单击"确定"按钮，将"卡通面包"通道的选区载入。单击"通道"控制面板中的"将通道作为选区载入"按钮 ⊙，也可以将"卡通面包"通道作为选区载入，效果如图 11-115 所示。

图 11-113　　　　　　　　　　图 11-114　　　　　　　　　　图 11-115

11.4　课堂练习——制作照片特效

🔗 练习知识要点

　　使用"分离通道"命令和"合并通道"命令制作图像效果，使用"彩色半调"滤镜命令为图片添加特殊效果，使用"曝光度"命令和"色阶"命令调整图像颜色。

🦖 素材所在位置

　　云盘 /Ch11/ 素材 / 制作照片特效 /01。

📂 效果所在位置

　　云盘 /Ch11/ 效果 / 制作照片特效 .psd，效果如图 11-116 所示。

图 11-116

扫码观看
本案例视频

11.5　课后习题——制作海边蜡笔画

🔗 习题知识要点

　　使用"分离通道"命令和"合并通道"命令制作图像效果，使用"粗糙蜡笔"滤镜命令为图片添加特效。

素材所在位置

云盘 /Ch11/ 素材 / 制作海边蜡笔画 /01。

效果所在位置

云盘 /Ch11/ 效果 / 制作海边蜡笔画 .psd，效果如图 11-117 所示。

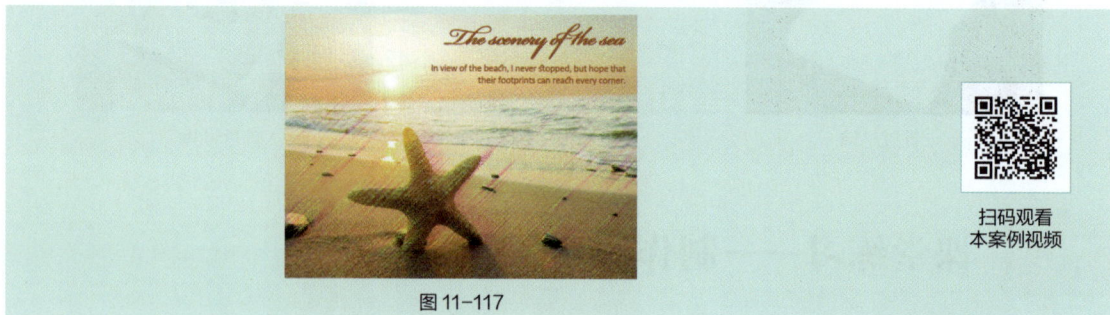

图 11-117

扫码观看
本案例视频

12

第 12 章
蒙版的使用

本章介绍

本章将主要讲解不同类型的蒙版以及蒙版的使用方法，包括图层蒙版、剪贴蒙版以及矢量蒙版的应用技巧。通过本章的学习，可以快速地掌握蒙版的使用技巧，制作出独特的图像效果。

学习目标

- 熟练掌握添加、隐藏图层蒙版的技巧。
- 熟练掌握图层蒙版链接的使用技巧。
- 熟练掌握应用及删除图层蒙版的技巧。
- 掌握剪贴蒙版与矢量蒙版的使用方法。

技能目标

- 掌握"合成风景照片"的制作技巧。
- 掌握"App 购物广告"的制作技巧。

12.1 图层蒙版

图层蒙版可以使图层中图像的某些部分被处理成透明和半透明的效果，而且可以恢复已经处理过的图像，是 Photoshop 的一种独特的处理图像的方式。在编辑图像时可以为某一图层或多个图层添加蒙版，并对添加的蒙版进行编辑、隐藏、链接、删除等操作。

12.1.1 课堂案例——制作合成风景照片

案例学习目标

学习使用图层蒙版制作图像效果。

案例知识要点

使用"可选颜色"命令调整图片颜色，使用图层蒙版和"画笔"工具制作瓶中乌龟效果，使用"横排文字"工具添加文字，效果如图 12-1 所示。

扫码观看
本案例视频

扫码观看
扩展案例

图 12-1

效果所在位置

云盘 /Ch12/ 效果 / 制作合成风景照片 .psd。

（1）按 Ctrl+O 组合键，打开云盘中的"Ch12 > 素材 > 制作合成风景照片 > 01"文件，如图 12-2 所示。单击"图层"控制面板下方的"创建新的填充或调整图层"按钮 ⊘.，在弹出的菜单中选择"可选颜色"命令，在"图层"控制面板中生成"选取颜色 1"图层，同时在相应的"属性"控制面板中进行设置，如图 12-3 所示，按 Enter 键确认操作，效果如图 12-4 所示。

（2）按 Ctrl+O 组合键，打开云盘中的"Ch12 > 素材 > 制作合成风景照片 > 01"文件。选择"磁性套索"工具 ，沿着酒瓶边缘拖曳鼠标绘制选区，效果如图 12-5 所示。选择"移动"工具 ，将选区中的图像拖曳到调色后的 01 图像窗口中，效果如图 12-6 所示，在"图层"控制面板中生成新的图层并将其命名为"瓶子"。

（3）单击"图层"控制面板下方的"创建新的填充或调整图层"按钮 ⊘.，在弹出的菜单中选择"色相 / 饱和度"命令，在"图层"控制面板中生成"色相 / 饱和度 1"图层，同时在相应的"属性"控制面板中进行设置，如图 12-7 所示，单击面板下方的"此调整剪切到此图层"按钮 ，创建剪贴蒙版，效果如图 12-8 所示。

图 12-2

图 12-3

图 12-4

图 12-5

图 12-6

图 12-7

（4）按 Ctrl+O 组合键，打开云盘中的"Ch12 > 素材 > 制作合成风景照片 > 02"文件，选择"移动"工具 ，将图片拖曳到图像窗口中适当的位置，效果如图 12-9 所示，在"图层"控制面板中生成新的图层并将其命名为"图片"。

（5）单击"图层"控制面板下方的"添加图层蒙版"按钮 ，为"图片"图层添加蒙版。将前景色设为黑色。选择"画笔"工具 ，在属性栏中单击"画笔"选项右侧的按钮，在弹出的画笔选择面板中选择需要的画笔形状，其他选项的设置如图 12-10 所示。在图像窗口中擦除不需要的图像，效果如图 12-11 所示。

图 12-8

图 12-9

图 12-10

（6）选择"横排文字"工具 ，输入需要的文字并选取文字，在属性栏中选择合适的字体并设置文字的大小，效果如图 12-12 所示，在"图层"控制面板中生成新的文字图层。在"图层"控制面板上方将该图层的"混合模式"选项设为"叠加"，效果如图 12-13 所示，合成风景照片制作完成。

图 12-11

图 12-12

图 12-13

12.1.2 添加图层蒙版

使用控制面板按钮或快捷键：单击"图层"控制面板下方的"添加图层蒙版"按钮 ◻，可以创建一个图层的蒙版，如图 12-14 所示。按住 Alt 键，单击"图层"控制面板下方的"添加图层蒙版"按钮 ◻，可以创建一个遮盖全部图层的蒙版，如图 12-15 所示。

使用菜单命令：选择"图层 > 图层蒙版 > 显示全部"命令，面板效果如图 12-14 所示。选择"图层 > 图层蒙版 > 隐藏全部"命令，面板效果如图 12-15 所示。

12.1.3 隐藏图层蒙版

按住 Alt 键的同时，单击图层蒙版缩览图，图像窗口中的图像将被隐藏，只显示蒙版缩览图中的效果，如图 12-16 所示，"图层"控制面板如图 12-17 所示。按住 Alt 键，再次单击图

图 12-14

图 12-15

层蒙版缩览图，将恢复图像窗口中的图像效果。按住 Alt+Shift 组合键的同时，单击图层蒙版缩览图，将同时显示图像和图层蒙版的内容。

图 12-16

图 12-17

12.1.4 图层蒙版的链接

在"图层"控制面板中图层缩览图与图层蒙版缩览图之间存在链接图标 ⌗，当图层图像与蒙版关联时，移动图像时蒙版会同步移动，单击链接图标 ⌗，将不显示此图标，可以分别对图像与蒙版进行操作。

12.1.5 应用及删除图层蒙版

在"通道"控制面板中，双击"图层蒙版"通道，弹出"图层蒙版显示选项"对话框，如图 12-18 所示，可以对蒙版的颜色和不透明度进行设置。

选择"图层 > 图层蒙版 > 停用"命令，或按 Shift 键的同时单击"图层"控制面板中的图层蒙版缩览图，图层蒙版被停用，如图 12-19 所示，图像将全部显示，效果如图 12-20 所示。按住 Shift 键，再次单击图层蒙版缩览图，

图 12-18

将恢复图层蒙版效果，效果如图 12-21 所示。

图 12-19   图 12-20   图 12-21

选择"图层 > 图层蒙版 > 删除"命令，或在图层蒙版缩览图上单击鼠标右键，在弹出的快捷菜单中选择"删除图层蒙版"命令，可以将图层蒙版删除。

12.2 剪贴蒙版与矢量蒙版

剪贴蒙版和矢量蒙版可以用遮盖的方式使图像产生特殊的效果。

12.2.1 课堂案例——制作 App 购物广告

案例学习目标

学习使用剪贴蒙版制作主体照片。

案例知识要点

使用"高斯模糊"滤镜命令模糊背景，使用"钢笔"工具和剪贴蒙版制作手机界面效果，使用"矩形"工具和"横排文字"工具输入宣传文字和装饰，效果如图 12-22 所示。

图 12-22

（1）按 Ctrl+O 组合键，打开云盘中的"Ch12 > 素材 > 制作 App 购物广告 > 01"文件，如图 12-23 所示。选择"滤镜 > 模糊 > 高斯模糊"命令，在弹出的"高斯模糊"对话框中进行设置，如图 12-24 所示。单击"确定"按钮，效果如图 12-25 所示。

图 12-23

图 12-24

图 12-25

（2）按 Ctrl+O 组合键，打开云盘中的"Ch12 > 素材 > 制作 App 购物广告 > 02"文件，如图 12-26 所示。选择"移动"工具 ，将 02 图像拖曳到 01 图像窗口中的适当位置，效果如图 12-27 所示。在"图层"控制面板中生成新的图层并将其命名为"手机"。

图 12-26

图 12-27

（3）将前景色设为白色。选择"钢笔"工具 ，在属性栏中的"选择工具模式"选项中选择"形状"，在图像窗口中沿着手机界面拖曳鼠标绘制形状，如图 12-28 所示。在"图层"控制面板中生成新的图层"形状 1"，如图 12-29 所示。

（4）按 Ctrl+O 组合键，打开云盘中的"Ch12 > 素材 > 制作 App 购物广告 > 03"文件，如图 12-30 所示。选择"移动"工具 ，将 03 图像拖曳到 01 图像窗口中的适当位置，效果如图 12-31 所示。在"图层"控制面板中生成新的图层并将其命名为"界面"。

图 12-28

图 12-29

图 12-30

（5）按 Alt+Ctrl+G 组合键，创建剪贴蒙版，效果如图 12-32 所示。将前景色设为粉色（232、72、142）。选择"横排文字"工具 ，在适当的位置输入需要的文字并选取文字，在属性栏中选择合适的字体并设置大小，效果如图 12-33 所示。在"图层"控制面板中生成新的文字图层。

（6）选择"矩形"工具 ，在属性栏中的"选择工具模式"选项中选择"形状"，将"填充"选项设为无，"描边"选项设为粉色（232、72、142），"描边粗细"选项设为 6 像素，在图像窗口中绘制矩形，效果如图 12-34 所示。在"图层"控制面板中生成新的图层"矩形 1"。

图 12-31

图 12-32

图 12-33

（7）将前景色设为黑色。选择"横排文字"工具 T，在适当的位置分别输入需要的文字并选取文字，在属性栏中分别选择合适的字体并分别设置大小，效果如图 12-35 所示。在"图层"控制面板中分别生成新的文字图层。App 购物广告制作完成，效果如图 12-36 所示。

图 12-34

图 12-35

图 12-36

12.2.2 剪贴蒙版

剪贴蒙版是使用某个图层的内容来遮盖其上方的图层，遮盖效果由基底图层决定。

设计好的图像效果如图 12-37 所示，"图层"控制面板中的效果如图 12-38 所示，按住 Alt 键的同时，将鼠标放置到"风景"和"矩形块"图层的中间位置，鼠标光标变为↓□，如图 12-39 所示。

图 12-37

图 12-38

图 12-39

单击鼠标，制作图层的剪贴蒙版，如图 12-40 所示，图像窗口中的效果如图 12-41 所示。用"移动"工具 ►╋ 可以随时改变风景图像的位置，效果如图 12-42 所示。

图 12-40

图 12-41

图 12-42

如果要取消剪贴蒙版，可以选中剪贴蒙版组中上方的图层，选择"图层 > 释放剪贴蒙版"命令，或按 Alt+Ctrl+G 组合键。

12.2.3 矢量蒙版

原始图像效果如图 12-43 所示。选择"自定形状"工具 ，在属性栏中的"选择工具模式"选项中选择"路径"选项，在形状选择面板中选中"模糊点 1"图形，如图 12-44 所示。

图 12-43

图 12-44

在图像窗口中绘制路径，如图 12-45 所示，选中"图片"图层，选择"图层 > 矢量蒙版 > 当前路径"命令，为"图片"图层添加矢量蒙版，如图 12-46 所示，图像窗口中的效果如图 12-47 所示。选择"直接选择"工具 可以修改路径的形状，从而修改蒙版的遮罩区域，如图 12-48 所示。

图 12-45

图 12-46

图 12-47

图 12-48

12.3　课堂练习——制作时尚蒙版画

🔗 练习知识要点

使用快速蒙版、"画笔"工具和"反向"命令制作图像画框，使用"横排文字"工具和"字符"控制面板添加文字。

🎯 素材所在位置

云盘 /Ch12/ 素材 / 制作时尚蒙版画 /01、02。

📁 效果所在位置

云盘 /Ch12/ 效果 / 制作时尚蒙版画 .psd，效果如图 12-49 所示。

图 12-49

扫码观看
本案例视频

12.4 课后习题——制作个人写真照片模板

习题知识要点

使用"特殊模糊"滤镜命令对图像进行模糊处理，使用"去色"命令将图像去色，使用"矩形"工具绘制矩形，使用"自由变换"命令对矩形进行旋转，使用图层样式命令为图形添加样式，使用剪贴蒙版添加照片边框。

素材所在位置

云盘 /Ch12/ 素材 / 制作个人写真照片模板 /01。

效果所在位置

云盘 /Ch12/ 效果 / 制作个人写真照片模板 .psd，效果如图 12-50 所示。

图 12-50

扫码观看
本案例视频

13

第 13 章
滤镜效果

本章介绍

本章将主要介绍 Photoshop CS6 强大的滤镜功能，包括滤镜的分类、滤镜的重复使用以及滤镜的使用技巧。通过本章的学习，能够快速地掌握知识要点，应用丰富的滤镜资源制作出多变的图像效果。

学习目标

- 熟悉滤镜库，掌握重复使用滤镜的技巧。
- 掌握对图像局部、对通道使用滤镜的技巧。
- 掌握对滤镜效果进行调整的技巧。
- 掌握常用滤镜的应用方法。

技能目标

- 掌握"液化文字"制作技巧。
- 掌握"光晕下的景色"的制作方法。
- 掌握"网点照片"的制作方法。
- 掌握"震撼的视觉照片"的制作方法。

13.1 滤镜库以及滤镜使用技巧

Photoshop CS6 的滤镜库将常用滤镜组组合在一个对话框中，以折叠菜单的方式显示，并为每一个滤镜提供了直观效果预览，使用十分方便。Photoshop CS6 的"滤镜"菜单下提供了多种滤镜，选择这些滤镜命令，可以制作出奇妙的图像效果。

13.1.1 滤镜库

选择"滤镜 > 滤镜库"命令，弹出"滤镜库"对话框，在对话框中部为滤镜列表，每个滤镜组下面包含了多个很有特色的滤镜，单击需要的滤镜组，可以浏览滤镜组中的各个滤镜和其相应的滤镜效果。

在"滤镜库"对话框中可以创建多个效果图层，每个图层可以应用不同的滤镜，从而使图像产生多个滤镜叠加后的效果。为图像添加"喷溅"滤镜，如图 13-1 所示，单击"新建效果图层"按钮，生成新的效果图层，如图 13-2 所示。

图 13-1

图 13-2

为图像添加"玻璃"滤镜，2 个滤镜叠加后的效果如图 13-3 所示。

图 13-3

13.1.2　重复使用滤镜

如果在使用一次滤镜后，效果不理想，可以按 Ctrl+F 组合键，重复使用滤镜。重复使用"玻璃"滤镜的不同效果如图 13-4 所示。

图 13-4

13.1.3　对图像局部使用滤镜

对图像的局部使用滤镜，是常用的处理图像的方法。在要应用的图像上绘制选区，如图 13-5 所示，对选区中的图像使用"玻璃"滤镜，效果如图 13-6 所示。如果对选区进行羽化后再使用滤镜，就可以得到与原图融为一体的效果。在"羽化选区"对话框中设置羽化的数值，如图 13-7 所示，对选区进行羽化后再使用滤镜得到的效果如图 13-8 所示。

图 13-5　　　　　　　图 13-6　　　　　　　图 13-7　　　　　　　图 13-8

13.1.4　对滤镜效果进行调整

对图像应用"径向模糊"滤镜后，效果如图 13-9 所示，按 Ctrl+Shift+F 组合键，弹出"渐隐"对话框，调整不透明度并选择模式，如图 13-10 所示，单击"确定"按钮，滤镜效果产生变化，如图 13-11 所示。

图 13-9　　　　　　　图 13-10　　　　　　　图 13-11

13.1.5　对通道使用滤镜

分别对图像的各个通道使用滤镜，结果和对图像使用滤镜的效果是一样的。对图像的单独通道使用滤镜，可以得到一种非常好的效果。原始图像效果如图 13-12 所示，对图像的红、绿通道分别使用径向模糊滤镜后得到的效果如图 13-13 所示。

图 13-12   图 13-13

13.2 滤镜的应用

单击选择"滤镜"菜单，如图 13-14 所示。Photoshop CS6"滤镜"菜单被分为 6 部分，并已用横线划分开。

第 1 部分为最近一次使用的滤镜，没有使用滤镜时，此命令为灰色，不可选择。使用任意一种滤镜后，需要重复使用这种滤镜时，只要直接选择这种滤镜或按 Ctrl+F 组合键，即可重复使用。第 2 部分为"转换为智能滤镜"命令，智能滤镜可随时进行修改操作。第 3 部分为 6 个 Photoshop CS6 滤镜，每个滤镜的功能都十分强大。第 4 部分为 9 类 Photoshop CS6 滤镜，每个选项中都包含多个子菜单命令。第 5 部分为"Digimarc"滤镜。第 6 部分为"浏览联机滤镜"命令。

图 13-14

13.2.1 "自适应广角"滤镜

"自适应广角"滤镜是 Photoshop CS6 中推出的一项新功能，可以利用它对具有对广角、超广角及鱼眼效果的图片进行校正。

打开图 13-15 所示的图像。选择"滤镜 > 自适应广角"命令，弹出如图 13-16 所示的对话框。

 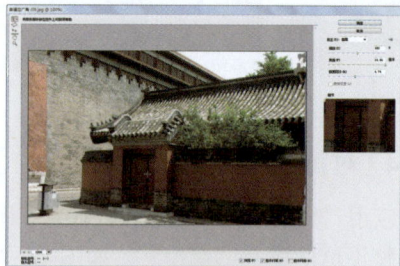

图 13-15   图 13-16

在对话框左侧的图片上需要调整的位置拖曳一条直线，如图 13-17 所示。再将中间的节点向下拖曳到适当的位置，图片自动调整为直线，如图 13-18 所示。

 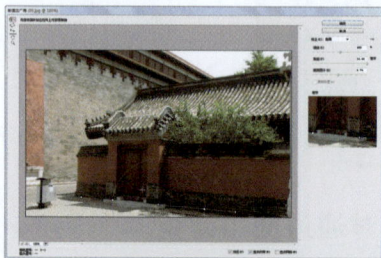

图 13-17   图 13-18

单击"确定"按钮，照片调整后的效果如图 13-19 所示。用相同的方法也可以调整上方的屋顶，效果如图 13-20 所示。

图 13-19

图 13-20

13.2.2 "镜头校正"滤镜

"镜头校正"滤镜可以修复常见的镜头瑕疵，如桶形失真、枕形失真、晕影和色差等，也可以使用该滤镜来旋转图像，或修复由于相机在垂直或水平方向上倾斜而导致的图像透视错视现象。

打开图 13-21 所示的图像。选择"滤镜 > 镜头校正"命令，弹出图 13-22 所示的对话框。

图 13-21

图 13-22

单击"自定"选项卡，设置如图 13-23 所示，单击"确定"按钮，效果如图 13-24 所示。

图 13-23

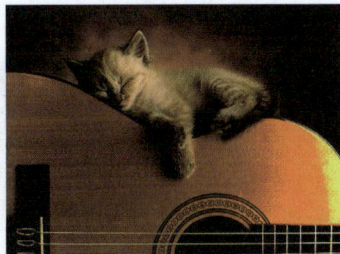

图 13-24

13.2.3 "油画"滤镜

"油画"滤镜可以将照片或图片制作成油画效果。

打开图 13-25 所示的图像。选择"滤镜 > 油画"命令，弹出图 13-26 所示的对话框。"画笔"选项组可以设置笔刷的样式化、清洁度、缩放和硬毛刷细节，"光照"选项组可以设置角方向和闪亮情况。

图 13-25

图 13-26

在对话框中的具体设置如图 13-27 所示，单击"确定"按钮，效果如图 13-28 所示。

图 13-27

图 13-28

13.2.4 课堂案例——制作液化文字

案例学习目标

学习使用液化滤镜制作出需要的效果。

案例知识要点

使用"横排文字"工具和液化滤镜制作变形文字，使用图层样式命令为文字添加特殊效果，最终效果如图 13-29 所示。

图 13-29

扫码观看
本案例视频

扫码观看
扩展案例

效果所在位置

云盘 /Ch13/ 效果 / 制作液化文字 .psd。

（1）按 Ctrl+O 组合键，打开云盘中的"Ch13 > 素材 > 制作液化文字 > 01"文件，如图 13-30 所示。选择"横排文字"工具，在适当的位置输入需要的文字并选取文字，在属性栏中选择合适的字体并设置文字大小。展开"字符"控制面板，将"水平缩放"选项 100% 设置为 95%，其他选项的设置如图 13-31 所示，按 Enter 键确认操作，效果如图 13-32 所示。

图 13-30　　　图 13-31　　　图 13-32

（2）按 Shift+Ctrl+X 组合键，弹出"Adobe Photoshop CS6"对话框，单击"确定"按钮，弹出"液化"对话框，选择"向前变形"工具，拖曳鼠标制作出文字变形效果，如图 13-33 所示，单击"确定"按钮，效果如图 13-34 所示。

（3）选择"图层 > 栅格化 > 文字"命令，将文字图层转化为图像图层。按 Ctrl+J 组合键，复制"FIRE"图层，生成新的图层"FIRE 副本"，并将其拖曳到"FIRE"图层的下方，如图 13-35 所示。

（4）单击"FIRE"图层左侧的眼睛图标，将"FIRE"图层隐藏。单击"图层"控制面板下方的"添加图层样式"按钮 fx，在弹出的对话框中选择"内阴影"命令，弹出对话框，将"阴影颜色"设置为红色（255、0、0），其他选项的设置如图 13-36 所示。

图 13-33

（5）选择"光泽"选项，切换到相应的对话框，将"效果颜色"设置为黄色（251、163、24），其他选项的设置如图 13-37 所示。选择"颜色叠加"选项，切换到相应的对话框，将"叠加颜色"设置为橘红色（250、115、0），其他选项的设置如图 13-38 所示。

图 13-34　　　图 13-35　　　图 13-36

图 13-37

图 13-38

（6）选择"外发光"选项，切换到相应的对话框，将"发光颜色"设置为土黄色（227、189、41），其他选项的设置如图 13-39 所示，单击"确定"按钮，图像效果如图 13-40 所示。

（7）在"图层"控制面板上方，将"FTRE 副本"图层的"不透明度"选项设为 30%，如图 13-41 所示，图像效果如图 13-42 所示。

图 13-39

图 13-40

图 13-41

（8）选择"FIRE"图层。单击图层左侧的空白图标 ，显示该图层，如图 13-43 所示。单击"图层"控制面板下方的"添加图层样式"按钮 *fx*，在弹出的菜单中选择"内阴影"命令，弹出对话框，将"阴影颜色"设置为黄色（235、188、35），其他选项的设置如图 13-44 所示。

图 13-42

图 13-43

图 13-44

（9）选择"内发光"选项，切换到相应的对话框，将"发光颜色"设置为淡黄色（255、255、190），其他选项的设置如图 13-45 所示。选择"光泽"选项，切换到相应的对话框，将"效果颜色"设置为白色,其他选项的设置如图 13-46 所示。

图 13-45

图 13-46

(10)选择"颜色叠加"选项,切换到相应的对话框,将"叠加颜色"设置为白色,其他选项的设置如图 13-47 所示,单击"确定"按钮,图像效果如图 13-48 所示。液化文字制作完成。

图 13-47

图 13-48

13.2.5 "消失点"滤镜

应用"消失点"滤镜,可以制作建筑物或任何矩形对象的透视效果。打开一幅图像。选择"滤镜 > 消失点"命令,弹出对话框,在对话框的左侧选中"创建平面工具"按钮 ,在图像中单击定义 4 个角的节点,如图 13-49 所示,节点之间会自动连接成为透视平面,如图 13-50 所示。

图 13-49

图 13-50

　　选择"选框"工具 ，在选框内部的上方绘制一个矩形，如图 13-51 所示。按住 Alt+Ctrl 组合键的同时向下拖曳选区，清除遮挡住建筑物的树木，效果如图 13-52 所示。

图 13-51

图 13-52

　　用相同的方法再次复制建筑物，如图 13-53 所示。单击"确定"按钮，建筑物的透视变形效果如图 13-54 所示。

图 13-53

图 13-54

　　在"消失点"对话框中，透视平面显示为蓝色时为有效的平面；显示为红色时为无效的平面，无法计算平面的长宽比，也无法拉出垂直平面；显示为黄色时为无效的平面，无法解析平面的所有消失点，如图 13-55 所示。

蓝色透视平面

红色透视平面

黄色透视平面

图 13-55

13.2.6　"锐化"滤镜

　　"锐化"滤镜可以通过生成更大的对比度来使图像清晰化和增强处理图像的轮廓。此类滤镜可减少图像修改后产生的模糊效果。"锐化"滤镜子菜单如图 13-56 所示。应用不同的滤镜制作的图像效果如图 13-57 所示。

原图　　　　　　　　　USM 锐化　　　　　　　　进一步锐化

锐化　　　　　　　　　锐化边缘　　　　　　　　　智能锐化

图 13-56

图 13-57

13.2.7　"智能"滤镜

常用滤镜在应用后就不能改变滤镜命令中的数值，智能滤镜是针对智能对象使用的、可调节滤镜效果的一种应用模式。

在"图层"控制面板中选中要应用滤镜的图层，如图 13-58 所示。选择"滤镜 > 转换为智能滤镜"命令，弹出提示对话框，提示将选中的图层转换为智能对象，单击"确定"按钮，"图层"控制面板中的效果如图 13-59 所示。选择"滤镜 > 模糊 > 高斯模糊"命令，为图像添加模糊效果，在"图层"控制面板此图层的下方显示出滤镜名称，如图 13-60 所示。

可以随时调整智能滤镜中各选项的参数来改变图像的效果，双击"图层"控制面板中要修改参数的滤镜名称，在弹出的相应对话框中重新设置参数即可。单击滤镜名称右侧的"双击以编辑滤镜混合选项"图标，弹出"混合选项"对话框，在对话框中可以设置滤镜效果的模式和不透明度，如图 13-61 所示。

图 13-58

图 13-59

图 13-60

图 13-61

13.2.8 "液化"滤镜

"液化"滤镜命令可以制作出各种类似液化的图像变形效果。

打开一幅图像，选择"滤镜 > 液化"命令，或按 Shift+Ctrl+X 组合键，弹出"液化"对话框，勾选右侧的"高级模式"复选框，如图 13-62 所示。

左侧的工具箱由上到下，有"向前变形"工具 、"重建"工具 、"褶皱"工具 、"膨胀"工具 、"左推"工具 、"抓手"工具 和"缩放"工具 等。

工具选项："画笔大小"选项用于设定所选工具的笔触大小；"画笔密度"选项用于设定画笔的浓重度；"画笔压力"选项用于设定画笔的压力，压力越小，变形的过程越慢；"画笔速率"选项用于设定画笔的绘制速度；"光笔压力"选项用于设定压感笔的压力。

重建选项："重建"按钮用于对变形的图像进行重置；"恢复全部"按钮用于将图像恢复到打开时的状态。

蒙版选项：用于选择通道蒙版的形式。选择"无"按钮，可以不制作蒙版；选择"全部蒙住"按钮，可以为全部的区域制作蒙版；选择"全部反相"按钮，可以解冻蒙版区域并冻结剩余的区域。

视图选项：勾选"显示图像"复选框可以显示图像；勾选"显示网格"复选框可以显示网格，"网格大小"选项用于设置网格的大小，"网格颜色"选项用于设置网格的颜色；勾选"显示蒙版"复选框，可以显示蒙版，"蒙版颜色"选项用于设置蒙版的颜色；勾选"显示背景"复选框，在"使

图 13-62

用"选项的下拉列表中可以选择"所有图层"，在"模式"选项的下拉列表中可以选择不同的模式，在"不透明度"选项中可以设置不透明度。

在对话框中对图像进行变形，如图 13-63 所示，单击"确定"按钮，完成图像的液化变形，效果如图 13-64 所示。

图 13-63

图 13-64

13.2.9 课堂案例——制作光晕下的景色

案例学习目标

学习使用滤镜命令下的渲染滤镜制作需要的效果。

案例知识要点

使用打开命令打开图片，使用镜头光晕滤镜命令制作光晕下的景色，效果如图 13-65 所示。

图 13-65

扫描观看
本案例视频

扫码观看
扩展案例

效果所在位置

（1）按 Ctrl + O 组合键，打开云盘中的"Ch13 > 素材 > 制作光晕下的景色 > 01"文件，如图 13-66 所示。将"背景"图层拖曳到控制面板下方的"创建新图层"按钮 上进行复制，生成新的副本图层，如图 13-67 所示。

图 13-66

图 13-67

（2）选择"滤镜 > 渲染 > 镜头光晕"命令，弹出"镜头光晕"对话框，将光晕拖曳到适当的位置，其他选项的设置如图 13-68 所示，单击"确定"按钮，效果如图 13-69 所示。光晕下的景色制作完成。

图 13-68

图 13-69

13.2.10 "像素化"滤镜

"像素化"滤镜可以用于将图像分块或将图像平面化。"像素化"滤镜的子菜单如图 13-70 所示。应用不同的滤镜制作出的效果如图 13-71 所示。

彩块化
彩色半调...
点状化...
晶格化...
马赛克...
碎片
铜版雕刻...

图 13-70

原图	彩块化	彩色半调	点状化

晶格化	马赛克	碎片	铜板雕刻

图 13-71

13.2.11 "风格化"滤镜

"风格化"滤镜可以产生印象派以及其他风格画派作品的效果，它是完全模拟真实艺术手法进行创作的。"风格化"滤镜子菜单如图 13-72 所示。应用不同的滤镜制作出的效果如图 13-73 所示。

原图	查找边缘	等高线

风	浮雕效果	扩散

查找边缘
等高线…
风…
浮雕效果…
扩散…
拼贴…
曝光过度
凸出…

图 13-72　　　　　图 13-73

拼贴　　　　　　　　　曝光过度　　　　　　　　　凸出

图 13-73（续）

13.2.12　"渲染"滤镜

"渲染"滤镜可以在图片中产生照明的效果，它可以产生不同的光源效果和夜景效果。"渲染"滤镜子菜单如图 13-74 所示。应用不同的滤镜制作出的效果如图 13-75 所示。

原图　　　　　　　　　　分层云彩　　　　　　　　　光照效果

分层云彩
光照效果...
镜头光晕...
纤维...
云彩

图 13-74

镜头光晕　　　　　　　　纤维　　　　　　　　　　云彩

图 13-75

13.2.13　课堂案例——制作网点照片

案例学习目标

学习使用滤镜命令下的像素化、模糊和渲染滤镜制作需要的效果。

案例知识要点

使用彩色半调滤镜命令制作网点图像，使用混合模式制作图像融合，使用镜头光晕滤镜命令添加光晕，使用高斯模糊滤镜命令制作图像模糊效果，使用光圈模糊滤镜制作光圈模糊效果，如图 13-76 所示。

图 13-76

扫码观看
本案例视频

扫码观看
扩展案例

效果所在位置

云盘 /Ch13/ 效果 / 制作网点照片 .psd。

（1）按 Ctrl + O 组合键，打开云盘中的"Ch13 > 素材 > 制作网点照片 > 01"文件，如图 13-77 所示。将"背景"图层拖曳到控制面板下方的"创建新图层"按钮 上进行复制，生成新的图层并将其命名为"人物"，如图 13-78 所示。

图 13-77

图 13-78

（2）选择"滤镜 > 像素化 > 彩色半调"命令，在弹出的对话框中进行设置，如图 13-79 所示，单击"确定"按钮，效果如图 13-80 所示。

（3）选择"滤镜 > 模糊 > 高斯模糊"命令，在弹出的对话框中进行设置，如图 13-81 所示，单击"确定"按钮，效果如图 13-82 所示。

图 13-79

图 13-80

图 13-81

图 13-82

（4）在"图层"控制面板上方，将该图层的混合模式选项设为"柔光"，如图 13-83 所示，图像效果如图 13-84 所示。

（5）按 D 键，恢复默认前景色和背景色。选择"背景"图层。按 Ctrl+J 组合键，复制"背景"图层，生成新的图层并将其命名为"人物 2"。拖曳到"人物"图层的上方，如图 13-85 所示。

图 13-83

图 13-84

图 13-85

（6）选择"滤镜 > 滤镜库"命令，在弹出的对话框中进行设置，如图 13-86 所示，单击"确定"按钮，效果如图 13-87 所示。

图 13-86

图 13-87

（7）选择"滤镜 > 渲染 > 镜头光晕"命令，在弹出的对话框中进行设置，如图 13-88 所示，单击"确定"按钮，效果如图 13-89 所示。

图 13-88

图 13-89

（8）在"图层"控制面板上方，将"人物 2"图层的混合模式选项设为"强光"，如图 13-90 所示，图像效果如图 13-91 所示。

图 13-90

图 13-91

（9）选择"滤镜 > 模糊 > 光圈模糊"命令，进入编辑界面，在图像窗口中调整圆钉，如图 13-92 所示，"模糊工具"面板的设置如图 13-93 所示，单击属性栏中的"确定"按钮，效果如图 13-94 所示。

图 13-92   图 13-93   图 13-94

（10）将前景色设为白色。选择"横排文字"工具 T.，在适当的位置输入需要的文字并选取文字，在属性栏中分别选择合适的字体并设置大小，单击"居中对齐文本"按钮 ，效果如图 13-95 所示，在"图层"控制面板中生成新的文字图层。

（11）选择文字。按 Ctrl+T 组合键，弹出"字符"面板，将"设置行距""设置所选字符的字距调整" VA 0 选项设置为 100，如图 13-96 所示，按 Enter 键确定操作，效果如图 13-97 所示。网点照片制作完成，效果如图 13-98 所示。

图 13-95   图 13-96

图 13-97   图 13-98

13.2.14   "模糊"滤镜

"模糊"滤镜可以使图像中过于清晰或对比度强烈的区域产生模糊效果。此外，也可用于制作柔和阴影。"模糊"滤镜子菜单如图 13-99 所示。应用不同滤镜制作出的效果如图 13-100 所示。

原图	场景模糊	光圈模糊	倾斜偏移
表面模糊	动感模糊	方框模糊	高斯模糊
进一步模糊	径向模糊	镜头模糊	模糊
平均	特殊模糊	形状模糊	

图 13-99

图 13-100

13.2.15 "纹理"滤镜组

滤镜库中的"纹理"滤镜组包含 6 个滤镜,如图 13-101 所示。此组滤镜可以使图像中各颜色之间产生过渡变形的效果。应用不同的滤镜制作出的效果如图 13-102 所示。

图 13-101

原图 　　　　　　　 龟裂缝 　　　　　　　 颗粒

马赛克拼贴 　　　 拼缀图 　　　 染色玻璃 　　　 纹理化

图 13-102

13.2.16 "素描"滤镜组

滤镜库中的"素描"滤镜组包含 14 个滤镜，如图 13-103 所示。此组滤镜只对 RGB 或灰度模式的图像起作用，可以制作出多种绘画效果。应用不同的滤镜制作出的效果如图 13-104 所示。

原图 　　　　　　　 半调图案 　　　　　　　 便条纸

图 13-103

粉笔和炭笔 　　　 铬黄渐变 　　　 绘图笔 　　　 基底凸现

图 13-104

| 石膏效果 | 水彩画纸 | 撕边 | 炭笔 |

| 炭精笔 | 图章 | 网状 | 影印 |

图 13-104（续）

13.2.17 "画笔描边"滤镜组

滤镜库中的"画笔描边"滤镜组包含 8 个滤镜，如图 13-105 所示。此组滤镜对 CMYK 和 Lab 颜色模式的图像都不起作用。应用不同的滤镜制作出的效果如图 13-106 所示。

| 原图 | 成角的线条 | 墨水轮廓 |

| 喷溅 | 喷色描边 | 强化的边缘 |

图 13-105

图 13-106

深色线条　　　　　　烟灰墨　　　　　　　阴影线

图 13-106（续）

13.2.18 课堂案例——制作震撼的视觉照片

案例学习目标

学习使用"极坐标"滤镜命令制作震撼的视觉效果。

案例知识要点

使用"裁剪"工具裁剪图像，使用"极坐标"滤镜命令扭曲图像，使用图层蒙版和"画笔"工具修饰照片，使用"波浪"滤镜命令制作弯曲效果，最终效果如图 13-107 所示。

图 13-107

扫码观看
本案例视频

扫码观看
扩展案例

效果所在位置

云盘 /Ch13/ 效果 / 制作震撼的视觉照片 .psd。

（1）按 Ctrl+O 组合键，打开云盘中的"Ch13 > 素材 > 制作震撼的视觉照片 > 01"文件，如图 13-108 所示。将"背景"图层拖曳到控制面板下方的"创建新图层"按钮 上进行复制，生成新的图层并将其命名为"旋转"，如图 13-109 所示。

（2）选择"裁剪"工具 ，属性栏中的设置如图 13-110 所示，在图像窗口中适当的位置拖曳出一个裁切区域，如图 13-111 所示。按 Enter 键确定操作，效果如图 13-112 所示。

图 13-108

图 13-109

图 13-110

（3）选择"滤镜＞扭曲＞极坐标"命令，在弹出的对话框中进行设置，如图 13-113 所示，单击"确定"按钮，效果如图 13-114 所示。按 Ctrl+T 组合键，在图像周围出现变换框，将鼠标光标放在变换框的控制手柄上，向外拖曳拖曳手柄调整其大小，按 Enter 键确定操作，效果如图 13-115 所示。

图 13-111

图 13-112

图 13-113

（4）将"旋转"图层拖曳到控制面板下方的"创建新图层"按钮 ▣ 上进行复制，生成新的图层"旋转 副本"，如图 13-116 所示。

图 13-114

图 13-115

图 13-116

（5）按 Ctrl+T 组合键，在图像周围出现变换框，将鼠标光标放在变换框的控制手柄外边，光标变为旋转图标 ↴，拖曳鼠标将图像旋转到适当的角度，按 Enter 键确定操作，效果如图 13-117 所示。

（6）单击"图层"控制面板下方的"添加图层蒙版"按钮 ▣，为图层添加蒙版，如图 13-118 所示。将前景色设为黑色。选择"画笔"工具 ✎，在属性栏中单击"画笔"选项右侧的按钮 ▾，在弹出的画笔选择面板中选择需要的画笔形状，设置如图 13-119 所示。在属性栏中将"不透明度"选项设为 80%，在图像窗口中拖曳鼠标擦除不需要的图像，效果如图 13-120 所示。

图 13-117

图 13-118

图 13-119

（7）按住 Ctrl 键的同时，选择"旋转 副本"和"旋转"图层。按 Ctrl+E 组合键，合并图层并将其命名为"底图"。按 Ctrl+J 组合键，复制"底图"图层，生成新的图层"底图 副本"，如图 13-121 所示。

（8）选择"滤镜 > 扭曲 > 波浪"命令，在弹出的对话框中进行设置，如图 13-122 所示，单击"确定"按钮，效果如图 13-123 所示。在"图层"控制面板上方将副本图层的"混合模式"选项设为"颜色减淡"，如图 13-124 所示，图像效果如图 13-125 所示。

图 13-120

图 13-121

图 13-122

图 13-123

图 13-124

图 13-125

（9）按 Ctrl+O 组合键，打开云盘中的"Ch13 > 素材 > 制作震撼的视觉照片 > 02"文件，选择"移动"工具 ，将 02 图片拖曳到 01 图像窗口中适当的位置，如图 13-126 所示，在"图层"控制面板中生成新的图层并将其命名为"镜头"。将该图层拖曳到"底图"图层的上方，如图 13-127 所示，图像效果如图 13-128 所示。震撼的视觉照片制作完成。

图 13-126

图 13-127

图 13-128

13.2.19 "扭曲"滤镜

"扭曲"滤镜效果可以生成一组从波纹到扭曲图像的变形效果。"扭曲"滤镜子菜单如图 13-129 所示。应用不同滤镜制作出的效果如图 13-130 所示。

图 13-129

图 13-130

13.2.20 "杂色"滤镜

"杂色"滤镜可以混合干扰,制作出着色像素图案的纹理。"杂色"滤镜子菜单如图 13-131 所示。应用不同的滤镜制作出的效果如图 13-132 所示。

图 13-131

图 13-132

去斑	添加杂色	中间值

图 13-132（续）

13.2.21 "艺术效果"滤镜组

滤镜库中的"艺术效果"滤镜组包含 15 个滤镜，如图 13-133 所示。此组滤镜在 RGB 颜色模式和多通道颜色模式下才可用。应用不同的滤镜制作出的效果如图 13-134 所示。

原图	壁画	彩色铅笔	粗糙蜡笔

底纹效果	干画笔	海报边缘	海绵

图 13-133

绘画涂抹	胶片颗粒	木刻	霓虹灯光

图 13-134

水彩	塑料包装	调色刀	涂抹棒

图 13-134（续）

13.2.22 "其它"滤镜

"其它"滤镜不同于其他分类的滤镜。在此类滤镜中，可以创建自己的特殊效果滤镜。"其它"滤镜子菜单如图 13-135 所示。应用不同的滤镜制作的图像效果如图 13-136 所示。

图 13-135

图 13-136

13.2.23 "Digimarc"滤镜

"Digimarc"滤镜将数字水印嵌入图像中以存储版权信息，"Digimarc"滤镜子菜单如图 13-137 所示。

读取水印...
嵌入水印...

图 13-137

13.3 课堂练习——制作水彩画

🔗 练习知识要点

使用"干画笔"滤镜命令为图片添加特殊效果，使用"喷溅"滤镜命令晕染图像，使用图层蒙版和"画笔"工具制作局部遮罩。

素材所在位置

云盘 /Ch13/ 素材 / 制作水彩画 /01 ~ 03。

效果所在位置

云盘 /Ch13/ 效果 / 制作水彩画 .psd，效果如图 13-138 所示。

扫码观看
本案例视频

图 13-138

13.4 课后习题——制作油画照片

习题知识要点

使用"油画"滤镜命令制作油画效果，使用"色阶"命令调整图像。

素材所在位置

云盘 /Ch13/ 素材 / 制作油画照片 /01。

效果所在位置

云盘 /Ch13/ 效果 / 制作油画照片 .psd，效果如图 13-139 所示。

扫码观看
本案例视频

图 13-139

14

第 14 章
动作的应用

本章介绍

本章将主要介绍"动作"控制面板的应用技巧，并通过多个实际应用案例进一步讲解相关命令的操作方法。通过本章的学习，能够快速地掌握"动作"控制面板、应用动作以及创建动作的知识要点。

学习目标

- 了解"动作"控制面板并掌握应用动作的技巧。
- 熟练掌握创建动作的方法。

技能目标

- 掌握"粉色甜美色调照片"的制作方法。
- 掌握"炫酷海报"的制作方法和技巧。

14.1　"动作"控制面板及应用动作

应用"动作"控制面板及其弹出式菜单可以对动作进行各种处理和操作。

14.1.1　课堂案例——制作粉色甜美色调照片

案例学习目标

学习使用"动作"控制面板制作相应动作效果。

案例知识要点

使用外挂动作制作甜美色调照片，效果如图 14-1 所示。

扫码观看
本案例视频

扫码观看
扩展案例

图 14-1

效果所在位置

云盘 /Ch14/ 效果 / 制作粉色甜美色调照片 .psd。

（1）按 Ctrl+O 组合键，打开云盘中的"Ch14 > 素材 > 制作粉色甜美色调照片 > 01"文件，如图 14-2 所示。选择"窗口 > 动作"命令，弹出"动作"控制面板，如图 14-3 所示。单击控制面板右上方的图标 ，在弹出的面板菜单中选择"载入动作"命令，在弹出的对话框中选择云盘中的"Ch14 > 素材 > 制作粉色甜美色调照片 > 02"文件，单击"载入"按钮，载入动作命令，如图 14-4 所示。

图 14-2

图 14-3

图 14-4

（2）单击"09"选项左侧的按钮 ，查看动作应用的步骤，如图 14-5 所示。选择"动作"控制面板中新动作的第一步，单击下方的"播放选定的动作"按钮 ，效果如图 14-6 所示。粉色甜美色调照片制作完成。

图 14-5

图 14-6

14.1.2 "动作"控制面板

"动作"控制面板可以用于对一批需要进行相同处理的图像执行批处理操作，以减少重复操作的麻烦。选择菜单"窗口 > 动作"命令，或按 Alt+F9 组合键，弹出图 14-7 所示的"动作"控制面板。其中包括"停止播放／记录"按钮 ■ 、"开始记录"按钮 ● 、"播放选定的动作"按钮 ▶ 、"创建新组"按钮 □ 、"创建新动作"按钮 □ 、"删除"按钮 🗑 。

单击"动作"控制面板右上方的图标 ▼≣ ，弹出其面板菜单，如图 14-8 所示。

图 14-7

图 14-8

14.2 创建动作

可以根据需要自行创建并应用动作。

14.2.1 课堂案例——制作炫酷海报

案例学习目标

学习使用"动作"控制面板创建动作制作图像效果。

案例知识要点

使用"矩形"工具、"直接选择"工具、"自由变换"命令、"动作"控制面板制作放射线条图形，使用图层蒙版、"渐变"工具制作形状渐隐效果，最终效果如图 14-9 所示。

扫码观看
本案例视频

扫码观看
扩展案例

图 14-9

效果所在位置

云盘 /Ch14/ 效果 / 制作炫酷海报 .psd。

（1）按 Ctrl+O 组合键，打开云盘中的"Ch14 > 素材 > 制作炫酷海报 > 01"文件，如图 14-10 所示。新建图层并将其命名为"形状"。将前景色设为黄色（255、246、199）。选择"矩形"工具█，在属性栏中的"选择工具模式"选项中选择"路径"，在图像窗口中绘制矩形，如图 14-11 所示。

图 14-10

图 14-11

（2）选择"直接选择"工具▶，单击右下方的节点，将其选中，向左拖曳节点到适当的位置，再单击左下方的节点，将其选中，向右拖曳节点到适当的位置，如图 14-12 所示。按 Ctrl+Enter 组合键，路径转换为选区，效果如图 14-13 所示，按 Alt+Delete 组合键，用前景色填充选区，按 Ctrl+D 组合键，取消选区，效果如图 14-14 所示。

（3）选择"窗口 > 动作"命令，弹出"动作"控制面板，单击控制面板下方的"创建新动作"按钮█，弹出"新建动作"对话框，如图 14-15 所示，单击"记录"按钮。将"形状"图层拖曳到"图

层"控制面板下方的"创建新图层"按钮 上进行复制，生成新的图层"形状 副本"，如图 14-16
所示。按 Ctrl+T 组合键（"自由变换"命令），图形周围出现变换框，将旋转中心拖曳到变换框的
下方，并将图形旋转到适当的角度，按 Enter 键确认操作，效果如图 14-17 所示。

图 14-12

图 14-13

图 14-14

图 14-15

（4）单击"动作"控制面板下方的"停止播放 / 记录"按钮 ■，停止动作的录制。连续单击"动
作"控制面板下方的"播放选定的动作"按钮 ▶，按需求复制多个形状图形，效果如图 14-18 所
示。在"图层"控制面板中，按住 Shift 键的同时选中"形状"图层及其副本图层，按 Ctrl+G 组合键，
将其编组，在"图层"控制面板中生成新的图层组并将其命名为"形状"，如图 14-19 所示。

图 14-16

图 14-17

图 14-18

（5）单击"图层"控制面板下方的"添加图层蒙版"按钮 ■，为"形状"图层组添加图层蒙版，
选择"渐变"工具 ■，单击属性栏中的"点按可编辑渐变"按钮 ▬▬▬ ▾，弹出"渐变编辑器"
对话框，将渐变色设为黑色到白色，单击属性栏中的"径向渐变"按钮 ■，并在图像窗口中由内向
外拖曳渐变，图像效果如图 14-20 所示。

（6）按 Ctrl+O 组合键，打开云盘中的"Ch14 > 素材 > 制作炫酷海报"中的 02 和 03 文件，
选择"移动"工具 ▶╋，将人物和文字图片拖曳到图像窗口中适当的位置，效果如图 14-21 所示。在"图
层"控制面板中生成新图层并将其命名为"人物""文字"。炫酷海报制作完成。

图 14-19

图 14-20

图 14-21

14.2.2　创建动作

在"动作"控制面板中，可以非常便捷地记录并应用动作。打开一幅图像，效果如图 14-22 所示。

单击"动作"控制面板下方的"创建新组"按钮 ，在弹出的"新建组"对话框中进行设置，如图 14-23 所示，单击"确定"按钮，完成动作组的创建，如图 14-24 所示。

单击"动作"控制面板下方的"创建新动作"按钮 ，在弹出的"新建动作"对话框中进行设置，如图 14-25 所示，单击"记录"按钮，在"动作"控制面板"动作演示"组中出现"调色"动作，如图 14-26 所示。

图 14-22

图 14-23

图 14-24

图 14-25

单击"图层"控制面板下方的"创建新的填充或调整图层"按钮 ，在弹出的菜单中选择"色阶"命令，在"图层"控制面板中生成"色阶 1"图层，同时弹出相应的"属性"控制面板，选项的设置如图 14-27 所示，效果如图 14-28 所示。

图 14-26

图 14-27

图 14-28

单击"图层"控制面板下方的"创建新的填充或调整图层"按钮 ，在弹出的菜单中选择"色相／饱和度"命令，在"图层"控制面板中生成"色相／饱和度 1"图层，同时弹出相应的"属性"控制面板，选项的设置如图 14-29 所示，效果如图 14-30 所示。

单击"图层"控制面板下方的"创建新的填充或调整图层"按钮 ，在弹出的菜单中选择"照片滤镜"命令，在"图层"控制面板中生成"照片滤镜 1"图层，同时弹出相应的"属性"控制面板，选项的设置如图 14-31 所示，效果如图 14-32 所示。

图 14-29

图 14-30

图 14-31

对图像的编辑完成，单击"动作"控制面板下方的"停止播放 / 记录"按钮 ■，如图 14-33 所示，即完成"调色"的记录，"动作"控制面板如图 14-34 所示。

图 14-32

图 14-33

图 14-34

图像的编辑过程被记录在"调色"动作中，"调色"动作中的编辑过程可以应用到其他的图像中。打开一幅图像，效果如图 14-35 所示。在"动作"控制面板中选择"动作演示"组中的"调色"，如图 14-36 所示，单击"播放选定的动作"按钮 ▶，图像编辑的过程和效果就是刚才编辑图像时的过程和效果，如图 14-37 所示。

图 14-35

图 14-36

图 14-37

14.3　课堂练习——制作照片拼贴效果

🔗 练习知识要点

使用"载入动作"命令制作照片拼贴效果。

🎣 素材所在位置

云盘 /Ch14/ 素材 / 制作照片拼贴效果 /01、02。

📁 效果所在位置

云盘 /Ch14/ 效果 / 制作照片拼贴效果 .psd，效果如图 14-38 所示。

图 14-38

扫码观看
本案例视频

14.4 课后习题——创建边框特效动作

习题知识要点

使用"动作"控制面板创建新组和新动作，使用"矩形选框"工具和"不透明度"选项制作阴影边框效果。

素材所在位置

云盘 /Ch14/ 素材 / 创建边框特效动作 /01。

效果所在位置

云盘 /Ch14/ 效果 / 创建边框特效动作 .psd，效果如图 14-39 所示。

图 14-39

扫码观看
本案例视频

15

第 15 章
综合设计实训

本章介绍

本章的综合设计实训案例，是根据商业设计项目真实情境来训练学生如何利用所学知识完成商业设计项目。通过多个设计项目案例的演练，进一步牢固掌握 Photoshop CS6 的强大操作功能和使用技巧，并应用好所学技能制作出专业的商业设计作品。

学习目标

- ✓ 掌握"椭圆"工具和"画笔"工具的使用方法。
- ✓ 掌握"矩形"工具和"钢笔"工具的使用方法。
- ✓ 掌握"模糊"滤镜命令、"影印"滤镜命令的使用方法。
- ✓ 掌握"矩形选框"工具和羽化命令的制作技巧。
- ✓ 掌握剪贴蒙版的使用方法。
- ✓ 掌握"渐变"工具的制作方法。

技能目标

- ✳ 掌握宣传单设计——火锅美食宣传单的制作方法。
- ✳ 掌握影楼模板设计——时尚炫酷照片模板的制作方法。
- ✳ 掌握杂志设计——影像杂志封面的制作方法。
- ✳ 掌握包装设计——方便面包装的制作方法。
- ✳ 掌握网页设计——女装网店店招和导航条的制作方法。
- ✳ 掌握图标设计——手机相机图标的制作方法。

15.1 宣传单设计——制作火锅美食宣传单

15.1.1 【项目背景及要求】

1. 客户名称

川义味火锅店。

2. 客户需求

川义味是一家正宗的川味火锅店，采用铜锅炭火，肉质鲜嫩，菜品丰富，以辣味十足闻名。现迎来十周年店庆，需制作宣传单，设计要求体现出周年庆主题，突出辣味十足的特色及优惠力度。

3. 设计要求

（1）宣传单要求以实物图片为主要内容。

（2）使用鲜艳的背景烘托画面，体现出火爆、热辣的氛围。

（3）设计要求体现本店菜品多样、辣味十足的特色。

（4）对文字的设计要特点鲜明，使消费者快速了解本店优惠信息。

（5）设计规格为210毫米（宽）×285毫米（高），分辨率为300像素/英寸。

15.1.2 【项目创意及制作】

1. 素材资源

图片素材所在位置：云盘中的"Ch15/素材/制作火锅美食宣传单"中的 01 ~ 07 文件。

文字素材所在位置：云盘中的"Ch15/素材/制作火锅美食宣传单/文字"。

2. 作品参考

设计作品参考效果所在位置：云盘中的"Ch15/效果/制作火锅美食宣传单.psd"，效果如图 15-1 所示。

3. 制作要点

使用"渐变"工具、"矩形选框"工具和"投影"命令制作背景图形，使用"不透明度"选项和"混合模式"选项调整图形，使用"钢笔"工具、"横排文字"工具和图层样式命令制作标题文字，使用"椭圆选框"工具、"横排文字"工具和"直线"工具添加宣传性文字。

图 15-1

15.2 影楼模板设计——制作时尚炫酷照片模板

15.2.1 【项目背景及要求】

1. 客户名称

木禾摄影工作室。

2. 客户需求

木禾摄影工作室是一家专业制作个人写真的工作室，公司目前需要制作一个写真模板，模板的主题是时尚酷炫，要求以新颖美观的形式进行创意设计，突出时尚与个性，让人耳目一新。

3. 设计要求

（1）模板背景要求时尚炫酷，能够烘托主题。

（2）画面以人物照片为主，主次明确，设计独特。

（3）整体风格新潮时尚，表现出年轻人的个性和创意。

（4）设计规格为 200 毫米（宽）×140 毫米（高），分辨率为 254 像素 / 英寸。

15.2.2 【项目创意及制作】

1. 素材资源

图片素材所在位置：云盘中的"Ch15/ 素材 / 制作时尚炫酷照片模板"中的 01 ~ 03 文件。

文字素材所在位置：云盘中的"Ch15/ 素材 / 制作时尚炫酷照片模板 / 文字文档"。

2. 作品参考

设计作品参考效果所在位置：云盘中的"Ch15/ 效果 / 制作时尚炫酷照片模板 .psd"，效果如图 15-2 所示。

3. 制作要点

使用图层蒙版和"画笔"工具制作照片的合成效果，使用"矩形"工具和剪贴蒙版制作照片效果，使用文字工具添加模板文字。

图 15-2

15.3 杂志设计——制作影像杂志封面

15.3.1 【项目背景及要求】

1. 客户名称

人像世界杂志社。

2. 客户需求

《人像世界》杂志，围绕产品线与运作各个流程环节，分为经营、时尚风向、摄影、制作、器材五大版块内容，提供影楼行业所需的各方面资讯和解决方案，同时广泛关注社会潮流与消费趋势。现为新一期杂志设计封面，要求设计新颖别致，突出人像杂志的特色及时尚杂志的特点。

3. 设计要求

（1）封面设计要求体现出人像杂志的特点。

（2）图文搭配合理，布局明确，主题清晰。

（3）以人物摄影图片为主体，向顾客传达真实的信息内容。

（4）设计规格为 210 毫米（宽）×285 毫米（高），分辨率为 150 像素 / 英寸。

15.3.2 【项目创意及制作】

1. 素材资源

图片素材所在位置：云盘中的"Ch15/ 素材 / 制作影像杂志封面"中的 01 ~ 03 文件。

文字素材所在位置：云盘中的"Ch15/ 素材 / 制作影像杂志封面 / 文字文档"。

2. 作品参考

设计作品参考效果所在位置：云盘中的"Ch15/ 效果 / 制作影像杂志封面 .psd"，效果如图 15-3 所示。

3. 制作要点

使用"置入"命令置入人物图像，使用调色命令调整图像色调，使用"横排文字"工具添加文字信息，使用"矩形"工具添加装饰图形，使用图层样式命令给文字添加投影。

图 15-3

15.4 包装设计——制作方便面包装

扫码观看
扩展案例

15.4.1 【项目背景及要求】

1. 客户名称

旺师傅食品有限公司。

2. 客户需求

旺师傅食品有限公司是一家以经营方便面为主的食品公司，目前其品牌经典的红烧牛肉面需要更换包装全新上市，要求制作一款方便面外包装设计，方便面因其方便、味美得到广泛认可，所以包装设计要求抓住产品特点，达到宣传效果。

3. 设计要求

（1）包装风格要求使用红色，体现中国传统特色。

（2）字体要求使用书法字体，配合整体的包装风格，使包装更具文化气息。

（3）设计要求简洁大气，图文搭配编排合理，视觉效果强烈。

（4）以真实的产品图片展示，向观者传达信息内容。

（5）设计规格为 210 毫米（宽）×285 毫米（高），分辨率为 300 像素 / 英寸。

15.4.2 【项目创意及制作】

1. 素材资源

图片素材所在位置：云盘中的"Ch15/ 素材 / 制作方便面包装"中的 01 ~ 06 文件。

文字素材所在位置：云盘中的"Ch15/ 素材 / 制作方便面包装 / 文字文档"。

2. 作品参考

设计作品参考效果所在位置：云盘中的
"Ch15/ 效果 / 制作方便面包装 .psd"，效果如
图 15-4 所示。

3. 制作要点

使用"钢笔"工具和剪贴蒙版制作背景效果。
使用"载入选区"命令和"渐变"工具添加亮光，
使用文字工具和"描边"命令添加宣传文字，使
用"椭圆选框"工具和"羽化"命令制作阴影，
使用"变形文字"对话框制作文字变形，使用"矩
形选框"工具和"羽化"命令制作封口。

扫码观看
本案例视频

扫码观看
本案例视频

图 15-4

15.5　网页设计——制作女装网店店招和导航条

15.5.1　【项目背景及要求】

1. 客户名称

花语·阁服装有限公司。

2. 客户需求

花语·阁是一家生产和经营各种女装的服装公司，公司有专门的人员负责网
站运营，公司近期要更新网店，需要制作一个全新的网店店招和导航条，要求不
仅要宣传公司文化，提高公司知名度，还要体现出公司的文化特色。

扫码观看
扩展案例

3. 设计要求

（1）设计采用花朵和大量留白的手法，给人耳目一新的感觉。

（2）导航条的分类要明确清晰。

（3）画面颜色以粉红色为主色，体现出公司的主营特色。

（4）设计风格简洁大方，给人舒适亲切的感觉。

（5）设计规格为 950（宽）×150（高）像素，分辨率为 72 像素 / 英寸。

15.5.2　【项目创意及制作】

1. 素材资源

图片素材所在位置：云盘中的"Ch15/ 素材 / 制作女装网店店招和导航条"中的 01 和 02 文件。

文字素材所在位置：云盘中的"Ch15/ 素材 / 制作女装网店店招和导航条 / 文字文档"。

2. 作品参考

设计作品参考效果所在位置：云盘中的"Ch15/ 效果 / 制作女装网店店招和
导航条 .psd"，效果如图 15-5 所示。

扫码观看
本案例视频

图 15-5

3. 制作要点

使用"色阶"命令调整店招底图，使用"置入"命令和图层样式命令制作网店名称，使用"矩形"工具和"横排文字"工具添加宣传语和导航条。

15.6 图标设计——制作手机相机图标

扫码观看
扩展案例

15.6.1 【项目背景及要求】

1. 客户名称

毛艺设计。

2. 客户需求

毛艺设计是一家以 App 制作、软件开发、网页设计等为主的设计开发类工作室，得到众多客户的一致好评。公司现阶段需要为新开发的精修图相机设计一款相机图标，要求使用扁平化的表现形式表达出相机的特征。图标要有极高的辨识度，能够体现出镜头的光晕和神秘感。

3. 设计要求

（1）设计最常见的圆角矩形的图标。

（2）设计图标用扁平化的手法。

（3）画面色彩要对比强烈，使摄像图标具有立体感。

（4）设计风格具有特色，能够吸引用户的眼球。

（5）设计规格为 230 毫米（宽）×230 毫米（高），分辨率为 72 像素／英寸。

15.6.2 【项目创意及制作】

1. 作品参考

设计作品参考效果所在位置：云盘中的"Ch15/ 效果 / 制作手机相机图标 .psd"，效果如图15-6 所示。

图 15-6

扫码观看
本案例视频

2. 制作要点

使用"圆角矩形"工具、"矩形"工具、"椭圆"工具、"直线"工具和图层样式命令绘制相机图标。

15.7 课堂练习1——设计空调广告

扫码观看
本案例视频

15.7.1 【项目背景及要求】

1. 客户名称

格斯力电器有限公司。

2. 客户需求

格斯力电器有限公司是一家专门研发、生产和销售家电的企业。现需要为一款新空调制作宣传广告，要求能够体现出空调的主要功能和特色。在广告设计上要能够表现出清新、舒适的产品理念和广告所要宣传的主题思想。

3. 设计要求

（1）背景色的运用要素静而雅致，给人清新、宁静感。

（2）设计要有空间感，能与现实生活紧密相连。

（3）文字的设计醒目突出，让人一目了然，突出宣传语。

（4）整体设计简洁清晰，主题突出。

（5）设计规格为 677 毫米（宽）×371 毫米（高），分辨率为 300 像素 / 英寸。

15.7.2 【项目创意及制作】

1. 素材资源

图片素材所在位置：云盘中的 "Ch15/ 素材 / 设计空调广告" 中的 01 ~ 03 文件。

文字素材所在位置：云盘中的 "Ch15/ 素材 / 设计空调广告 / 文字文档"。

2. 制作提示

首先打开作为空调广告的背景素材，其次添加素材并添加样式，然后制作标题文字以及其他需要的文字，最后添加装饰图形。

3. 知识提示

使用 "移动" 工具添加产品，使用文字工具添加宣传语，使用 "圆角矩形" 工具绘制装饰图形，使用图层样式命令修饰文字和装饰图形。

15.8 课堂练习2——设计蛋糕店代金券

15.8.1 【项目背景及要求】

1. 客户名称

聚美来蛋糕店。

2. 客户需求

聚美来蛋糕店是一家连锁面包坊品牌，主营蛋糕、点心、面包等，品种丰富，味道新鲜，得到食客的一致好评。现新店开业，为回馈新老顾客的光临特举办优惠活动，要求为本次活动制作代金券，设计内容需突出产品特色以及本次活动的内容。

扫码观看
本案例视频

3. 设计要求

（1）设计风格独特，形式新颖，具有创新意识。

（2）以实物图片为主体，点名主旨。

（3）色彩清新雅致，要符合糕点甜美细腻的特点。

（4）文字设计简介大气，主题明确。

（5）设计规格为 145 毫米（宽）×63 毫米（高），分辨率为 300 像素 / 英寸。

15.8.2　【项目创意及制作】

1. 素材资源

图片素材所在位置：云盘中的"Ch15/ 素材 / 设计蛋糕店代金券"中的 01 和 02 文件。

文字素材所在位置：云盘中的"Ch15/ 素材 / 设计蛋糕店代金券 / 文字文档"。

2. 制作提示

首先将背景素材导入，其次使用矩形和线条工具绘制装饰图形，最后输入广告语。

3. 知识提示

使用"矩形"工具绘制边框和矩形，使用"横排文字"工具、"直排文字"工具和"字符"控制面板制作页面文字，使用"椭圆"工具绘制装饰图形。

15.9　课后习题 1——设计儿童读物书籍封面

15.9.1　【项目背景及要求】

1. 客户名称

少儿科学出版社。

2. 客户需求

《快乐大冒险》是一本少儿科普漫画，以漫画的形式在趣味中使儿童学到知识，要求为《快乐大冒险》书籍设计书籍封面，设计元素要符合儿童的特点，也要突出本书将漫画与知识相结合的书籍特色，避免出现其他儿童书籍成人化的现象。

扫码观看
本案例视频

3. 设计要求

（1）书籍封面的设计根据儿童视角，切忌成人化风格。

（2）设计要求将漫画、科学、儿童三种要素进行完美结合。

（3）画面用色大胆强烈，使用鲜艳的色彩，在视觉上吸引儿童的注意。

（4）要符合儿童充满好奇、阳光向上、色调明快的特点。

（5）设计规格为 310 毫米（宽）×210 毫米（高），分辨率为 300 像素 / 英寸。

扫码观看
本案例视频

15.9.2　【项目创意及制作】

1. 素材资源

图片素材所在位置：云盘中的"Ch15/ 素材 / 设计儿童读物书籍封面"中的 01~04 文件。

文字素材所在位置：云盘中的"Ch15/ 素材 / 设计儿童读物书籍封面 / 文字文档"。

2. 制作提示

首先制作背景及背景图案；其次制作封面的背景、标题文字及封面其他图形；再次制作书籍封底，导入素材图片并制作文字；最后制作书籍书脊，制作书脊文字并为文字添加图形。

3. 知识提示

使用"投影"命令制作图片的投影效果，使用"投影"命令、"斜面和浮雕"命令、"描边"命令制作书籍名称，使用"圆角矩形"工具制作小动物图案背景，使用"钢笔"工具、"横排文字"工具制作区域文字，使用"椭圆"工具制作文字底图。

15.10　课后习题 2——设计看图图标

15.10.1　【项目背景及要求】

1. 客户名称

微迪设计公司。

2. 客户需求

微迪设计公司是一家集 UI 设计、LOGO 设计、VI 设计和界面设计为一体的设计公司。公司现阶段需要为新开发的看图 App 设计一款图标，要求使用立体化的形式表达出 App 的特征，要有极高的辨识度。

3. 设计要求

（1）使用珍珠色的背景突出粉红色的图标，醒目直观。

（2）使用立体化、拟人化的设计让人一目了然，提高图标辨识度。

（3）图标简洁明了，搭配合理。

（4）使用简洁亮丽的色彩搭配，增加图标的活泼感。

（5）设计规格为 492（宽）×394（高）像素，分辨率为 72 像素 / 英寸。

15.10.2　【项目创意及制作】

1. 制作提示

首先新建一个空白文件并填充渐变背景色，导入背景素材，其次制作包装文字及文字背景，然后制作图片的投影效果，最后制作其他文字及其装饰图形。

2. 知识提示

使用"填充"命令制作背景效果，使用"圆角矩形"工具和图层样式命令制作图标底图，使用"椭圆"工具和图层样式命令制作眼睛主体。

附录 Photoshop 快捷键

文件菜单	
命令	快捷键
新建	Ctrl+N
打开	Ctrl+O
在 Bridge 中浏览	Alt+Ctrl+O
打开为	Alt+Shift+Ctrl+O
关闭	Ctrl+W
关闭全部	Alt+Ctrl+W
关闭并转到 Bridge	Shift+Ctrl+W
存储	Ctrl+S
存储为	Shift+Ctrl+S
存储为 Web 所用格式	Alt+Shift+Ctrl+S
恢复	F12
文件简介	Alt+Shift+Ctrl+I
打印	Ctrl+P
打印一份	Alt+Shift+Ctrl+P
退出	Ctrl+Q

编辑菜单	
命令	快捷键
还原 / 重做	Ctrl+Z
前进一步	Shift+Ctrl+Z
后退一步	Alt+Ctrl+Z
渐隐	Shift+Ctrl+F
剪切	Ctrl+X
拷贝	Ctrl+C
合并拷贝	Shift+Ctrl+C
粘贴	Ctrl+V
原位粘贴	Shift+Ctrl+V
贴入	Alt+Shift+Ctrl+V
填充	Shift+F5
内容识别比例	Alt+Shift+Ctrl+C

自由变换	Ctrl+T
变换 > 再次	Shift+Ctrl+T
颜色设置	Shift+Ctrl+K
键盘快捷键	Alt+Shift+Ctrl+K
菜单	Alt+Shift+Ctrl+M
首选项 > 常规	Ctrl+K

图像菜单	
命令	快捷键
调整 > 色阶	Ctrl+L
调整 > 曲线	Ctrl+M
调整 > 色相 / 饱和度	Ctrl+U
调整 > 色彩平衡	Ctrl+B
调整 > 黑白	Alt+Shift+Ctrl+B
调整 > 反相	Ctrl+I
调整 > 去色	Shift+Ctrl+U
自动色调	Shift+Ctrl+L
自动对比度	Alt+Shift+Ctrl+L
自动颜色	Shift+Ctrl+B
图像大小	Alt+Ctrl+I
画布大小	Alt+Ctrl+C

图层菜单	
命令	快捷键
新建 > 图层	Shift+Ctrl+N
新建 > 通过拷贝的图层	Ctrl+J
新建 > 通过剪切的图层	Shift+Ctrl+J
创建 / 释放剪贴蒙版	Alt+Ctrl+G
图层编组	Ctrl+G
取消图层编组	Shift+Ctrl+G
排列 > 置为顶层	Shift+Ctrl+]
排列 > 前移一层	Ctrl+]
排列 > 后移一层	Ctrl+[

续表

排列 > 置为底层	Shift+Ctrl+[	色域警告	Shift+Ctrl+Y
合并图层	Ctrl+E	放大	Ctrl++ / Ctrl+=
合并可见图层	Shift+Ctrl+E	缩小	Ctrl+ −
选择菜单		按屏幕大小缩放	Ctrl+0
命令	快捷键	实际像素	Ctrl+1 / Alt+Ctrl+0
全部	Ctrl+A	显示额外内容	Ctrl+H
取消选择	Ctrl+D	显示 > 目标路径	Shift+Ctrl+H
重新选择	Shift+Ctrl+D	显示 > 网格	Ctrl+'
反向	Shift+Ctrl+I	显示 > 参考线	Ctrl+;
所有图层	Alt+Ctrl+A	标尺	Ctrl+R
查找图层	Alt+Shift+Ctrl+F	对齐	Shift+Ctrl+;
调整蒙版	Alt+Ctrl+R	锁定参考线	Alt+Ctrl+;
修改 > 羽化	Shift+F6	**窗口菜单**	
滤镜菜单		命令	快捷键
命令	快捷键	动作	Alt+F9 / F9
上次滤镜操作	Ctrl+F	画笔	F5
自适应广角	Shift+Ctrl+A	图层	F7
镜头校正	Shift+Ctrl+R	信息	F8
液化	Shift+Ctrl+X	颜色	F6
消失点	Alt+Ctrl+V	**帮助菜单**	
3D 菜单		命令	快捷键
命令	快捷键	Photoshop 帮助	F1
渲染	Alt+Shift+Ctrl+R		
视图菜单			
命令	快捷键		
校样颜色	Ctrl+Y		